주머니 속

애벌레
도감

◘ 사진 도와주신 분

　이영보 · 조영권 · 강태화 · 엄경화 · 손상봉 님께 감사드립니다.

◘ 일러 두기

1. 이 책에서는 곤충의 애벌레 총 397종을 소개합니다.

2. 애벌레의 먹이는 직접 사육하며 확인한 것을 위주로 기록하되, 국내외의 믿을 만한 자료도 일
　부 열거했습니다. 먹이식물(=기주식물)의 범위가 넓은 경우 '각종 풀과 나무'로 표현했으나,
　이 경우에도 애벌레가 더 좋아하는 먹이식물이 있음을 밝혀 둡니다.

3. 이 책에서 '사는 곳', '나타나는 때', '크기' 등을 표시한 모든 사항은 애벌레에게 해당하는 것
　입니다. 어른벌레에 대한 자료는 다른 전문적인 도감을 참고하기 바랍니다.

4. 애벌레의 특징은 눈에 띄는 것들만 간단히 언급했습니다. 이 중 몸의 부위와 위치 등을 표시한
　용어는 다음과 같습니다.

나비

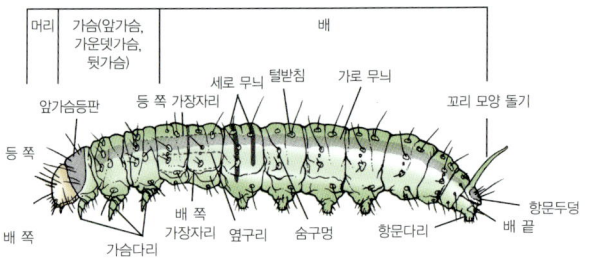

5. 본문과 사진에서 애벌레의 성장 단계에 따라 언급한 '다 자란 애벌레'는 마지막 나이가 된 애벌
　레(종령 유충)를 의미하고, '어린 애벌레'는 그전 단계를 뜻합니다. 애벌레의 나이에 따라 정확
　히 짚어 부를 때는 '두 살 애벌레(2령 유충)' 등으로 표시했습니다.

6. 되도록 종명이 완전히 밝혀진 종들을 우선적으로 소개했으나, 미동정 혹은 임의 동정한 종(신
　칭)도 일부 포함되었습니다. 또 국내외에 처음 알려지는 애벌레, 먹이식물이 처음 밝혀지는 애
　벌레도 많이 포함되었으나, 일일이 언급하지는 않았습니다.

7. 애벌레의 크기는 다 자란 애벌레 때의 평균치를 표기했습니다. 크기 변화가 많은 종은
　'○mm～○mm' 형태로, 크기 변화가 적은 종은 '○mm' 형태임을 밝혀 둡니다.

생태 탐사의 길잡이 2

주머니 속

애벌레
도감

손재천 글과 사진

황소걸음
Slow & Steady

주머니 속
애벌레
도감

펴낸날 2006년 9월 12일 초판 1쇄
2021년 11월 1일 초판 5쇄
지은이 손재천
만들어 펴낸이 정우진 강진영 김지영
꾸민이 Moon&Park(dacida@hanmail.net)
펴낸곳 (04091) 서울 마포구 토정로 222 한국출판콘텐츠센터 420호 도서출판 황소걸음
편집부 (02) 3272-8863
영업부 (02) 3272-8865
팩 스 (02) 717-7725
이메일 bullsbook@hanmail.net / bullsbook@naver.com
등 록 제22-243호(2000년 9월 18일)
ISBN 89-89370-49-3 06490

황소걸음
Slow&Steady

© 손재천 2006

애벌레 세계로 초대합니다

우 리는 곤충을 생각할 때 어른벌레를 먼저 떠올립니다. 그들이 거쳐 온 애벌레 기간은 생각지도 않을 때가 많지요. 이런 반쪽짜리 지식으로는 야외에서 곤충을 만날 때 많은 어려움을 겪을 수밖에 없습니다. 곤충 관찰 학습을 나갔을 때 아이들이 잡아 온 애벌레 이름을 몰라 난감했던 적이 많습니다. 아이들의 아물지 못한 손에도 쉽게 잡히는 탓인지 무슨 애벌레를 그렇게 자주 가져오고, 또 그 애벌레들은 어찌나 다양한지⋯. 매번 "나방 애벌레야", "잎벌레 애벌레야" 하며 얼렁뚱땅 넘어가기도 힘들었지요. 곤충의 세계를 소개하는 안내자라면 누구나 이런 경험이 있으리라 생각합니다.

그 동안 곤충 도감을 화려하게 장식해 온 주인공은 늘 어른벌레였습니다. 애벌레들은 곤충의 생활사를 다루면서 귀퉁이에 간간이 모습을 보이는 정도였지요. 우리의 먹거리나 산림에 해를 끼치는 경우가 그나마 애벌레들을 무대 위에 서게 했으니까요. 그 때문인지 우리는 어른벌레보다 애벌레에게 반감을 느끼는 것 같습니다. 애벌레의 털에 찔리면 아플 것 같고, 스멀거리는 느낌 때문에 온몸에 소름이 돋을 것 같은 기분이 우리가 애벌레를 대하는 대표적인 선입관입니다. 저는 우리의 관심 밖으로 밀려나 있던 애벌레라는 존재를 표면에 내세우고자 합니다.

이 책은 애벌레를 본격적으로 다룬 유일한 도감으로, 자연에 관심이 많은 사람들과 농·임업 관련 종사자, 적어도 정원에서 화초 몇 포기라도 가꿔 본 사람이라면 솔깃할 만한 이야기를 펼쳐 가고자 합니다. 이전의 해충 도감과 같이 애벌레들을 무슨 현상 수배범인 양 도열하기보다는 주변에서 흔히 접할 수 있는 애벌레들의 모습을 들춰 내고자 합니다. 이 책을 통해 애벌레들의 치열하고, 지혜롭고, 아름다운 성장 이야기에 많은 분들이 감동하기를 기대합니다.

애벌레 연구를 시작한 지 어느덧 10년이 지났지만, 여전히 자연에 들어서면 이름 모를 애벌레가 훨씬 많습니다. 방대한 곤충의 세계를 볼 때 아비와 어미를 찾아 주는 나의 소임은 아무리 노력해도 부족할 수밖에 없습니다. 그 동안 집중적으로 연구해 온 나방류의 경우에도 어느 종의 애벌레가 어떻게 생겼는지 가늠할 수 있는 게 300여 종에 지나지 않습니다.

애벌레 연구는 곤충 사육을 통해서만 가능하기 때문에 인내와 끈기가 필요한 작업입니다. 가까운 일본에서만 해도 많은 곤충 애호가들이 애벌레 연구에 힘을 쏟으며, 훌륭한 성과도 얻고 있습니다. 무엇보다도 일본에서 발행되는 애벌레 도감들은 동경의 대상이었습니다. 그에 비할 바는 아니지만, 나름대로 우리 나라 애벌레 연구의 디딤돌이 되지 않을까 생각해 봅니다. 앞으로 우리 나라에서도 많은 연구자들이 나와 이보다 훌륭한 애벌레 도감들이 쏟아져 나오기를 기대합니다.

끝으로 어린 학도를 곤충의 세계로 인도하신 신유항 교수님, 박규백 교수님, 조수원 교수님께 감사드립니다. 그리고 홍석표 교수님, 최세웅 교수님, 김성수 선생님과 박해철 박사님의 아낌없는 조언과 격려는 어려움을 겪을 때마다 든든한 버팀목이 되었습니다.

또 불평 한 마디 없이 애벌레를 채집하고 사육하는 것을 도와준 실험실과 사무실, 생태학교에서 만난 여러 인연들에게도 감사 드리며, 일일이 이름을 들지 못하는 점 사과 드립니다. 외국에서 자료를 보내 준 시야케, 진보, 기시다, 오와다, 옌 박사님께도 이 기회를 빌려 고마움을 전합니다.

애벌레 연구의 의미를 높이 사 도감으로 내보일 기회를 주신 도서출판 황소걸음 정우진 대표와 조영권 편집장, 사진 게재를 허락하신 이영보 박사님, 강태화 님, 조희욱 님, 엄경화 님, 손상봉 님의 넓은 아량이 없었다면 이 책이 나오기 힘들었을 것입니다.

끝으로 남들 같아선 한사코 말렸을 나의 연구에 끝없는 믿음을 보여 주신 부모님과 동생에게 깊은 사랑을 전합니다. 그리고 이유도 모르고 자연에서 끌려와 기아와 악조건을 견디며, 더러 생을 마치기도 하고, 더러 날개돋이의 감동을 선사하기도 했던 애벌레들에게 감사하고 미안한 마음을 전합니다.

2006년 8월
애벌레가 떠나고 빈 사육 용기를 보며
손재천

차례

애벌레 세계로 초대합니다 • 5

진정한 곤충의 모습, 애벌레 9

애벌레란 무엇인가? • 10
애벌레의 생김새 • 11
애벌레의 분류 • 13
누가 누구의 애벌레인가? • 16

여러 종류의 애벌레 19
나비 무리 애벌레 127
애벌레 기르기 443

진 정한 곤충의 모습, 애벌레

 애벌레란 무엇인가?

 애벌레의 생김새

 애벌레의 분류

 누가 누구의 애벌레인가?

애벌레란 무엇인가?

곤충의 미성숙 단계 중 알과 번데기 시절을 제외한 시기가 애벌레에 해당한다. 애벌레 시기는 단순히 발생학적으로 '어른벌레' 로 가기 위해 거치는 단계가 아니다. 오히려 곤충의 전체 생활환 중에 가장 중요한 시기로, 전 생애에 걸쳐 사용될 영양분이 이 때 대부분 축적된다. 극단적으로 말하면, 어른벌레 시기는 분산과 생식을 위한 부수적인 단계일 뿐이다. 애벌레 시기에 저마다 정교하고 독특한 생존 전략을 발전시킨 것도 이 때문이다.

절지동물문의 곤충 무리에서만 애벌레 시기가 해당되고, 다른 부류의 미성숙 단계는 각기 다른 이름으로 불린다. 거미류에서는 '유체(幼體, juvenile)' 라고 부르며, 기타 해양 무척추동물에서는 일반적으로 '유생(幼生, larva)' 이라고 부른다. 하지만 이러한 용어는 편의에 따른 구분이므로 특별히 신경 쓸 필요는 없다.

곤충의 애벌레 시기는 성장 과정의 '탈바꿈' 모습에 따라 구별되는데, 나비나 풍뎅이처럼 번데기 시절을 거쳐 '완전탈바꿈' 을 하는 무리의 애벌레를 '유충(幼蟲, larva)' 이라고 한다. 유충의 특징은 외관상 어른벌레 시기에 날개가 될 부분이 보이지 않는다는 것이

무당거미의 암컷 유체.

무당거미의 암컷 성체.

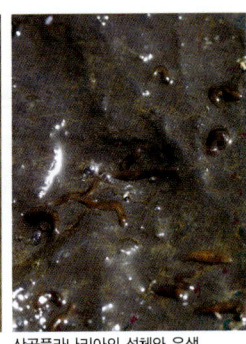

산골플라나리아의 성체와 유생.

팥중이의 애벌레.

꼬리명주나비의 애벌레.

다. 어떤 사람들은 나비 무리의 애벌레만을 따로 묶어 '카터필러(caterpillar)라고 부르기도 한다. 반면, 메뚜기와 노린재처럼 '불완전탈바꿈'을 하는 무리의 애벌레를 '약충(若蟲, nymph)'이라고 부른다. 약충은 장래 날개가 될 부분이 드러나 보이는 것이 유충과 다르다. 하지만 곤충의 성장 모습이 다양하다 보니 이 둘을 구분하는 것이 모호한 경우가 많고, 발생학적으로 이 둘을 구분하는 것도 별 의미가 없다. 따라서 이 책에서도 구분하지 않고 '애벌레'로 통칭한다.

 ## 애벌레의 생김새

애벌레의 생김새를 한 가지로 설명하기는 힘들지만, 기본적인 몸의 구조는 어른벌레와 같다. 특히 탈바꿈을 거치지 않는 돌좀류(Microcoryphia)나 좀붙이류(Diplura)의 애벌레는 생식 기관의 성숙도와 크기가 다를 뿐, 어른벌레와 똑같은 모습이다. 불완전탈바꿈을 하는 곤충들도 날개의 모습이 다를 뿐, 대략 어른벌레의 몸 구

밤나방과의 애벌레. 가슴에 있는 가슴다리(검은색 화살표)
3쌍 외에도, 배에 배다리(빨간색 화살표) 4쌍과 항문다리
(파란색 화살표) 1쌍이 있다.

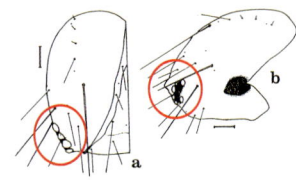

치악잎말이나방애벌레의 머리(a – 앞모습, b – 옆모습).
붉은 원으로 표시한 부분에 낱눈 6개가 있다.

박각시 애벌레의 얼굴 모습(a – 정수리, b – 윗입술, c –
더듬이, d – 작은턱수염, e – 낱눈).

아랫입술의 방사돌기에서 실을 내어 벚나무 잎을 엮는
갈색뿔나방의 애벌레.

조와 같다. 하지만 완전탈바꿈을 하는 곤충의 애벌레는 어른벌레
와 몇 가지 다른 점이 있다. 우선 애벌레의 눈은 '겹눈(compound
eyes)'과 다른 '낱눈(stemmata)'으로 구성되며, 이는 어른벌레의
'홑눈(ocellus)'과도 구조적으로 다르다. 또 나비 무리
(Lepidoptera)와 벌 무리(Hymenoptera) 애벌레들은 대부분 가슴
다리 세 쌍 외에도 배다리(proleg) 혹은 항문다리(anal leg) 등 부가
적인 다리가 있으며, 다리가 아예 없는 애벌레들도 많다. 일부 애벌
레는 아랫입술에 있는 방사돌기(spinneret)에서 실을 뽑는데, 역시
어른벌레에서는 볼 수 없는 특징이다. 애벌레에서 보이는 어른벌
레의 구조적 특징들은 직접 연관이 있는 것이 아니고, 번데기 과정
에서 소화·재흡수되어 어른벌레의 구조로 다시 편성된다.

애벌레의 분류

완전탈바꿈을 하는 곤충의 애벌레는 그 생김이 어른벌레와 판이하지만, 무리마다 고유한 특징이 있다. 따라서 세심하게 형태를 관찰하면 무슨 곤충의 애벌레인지 대략 짐작할 수 있다. 우선 애벌레의 다리 배열에 따라 다음과 같이 나눌 수 있다.

다리로 구별하기

▶ **다리 없는 애벌레(apodous larva)**　가슴다리와 배다리 등을 볼 수 없는 애벌레 무리를 말한다. 파리 무리, 딱정벌레 무리의 바구미과와 하늘소과, 벌 무리의 말벌류와 기생벌류, 꿀벌류 등에서 볼 수 있다.

▶ **많은 다리 애벌레(polypod larva)**　가슴다리 외에 배다리 등이 있는 애벌레 무리를 말한다. 나비 무리와 벌 무리의 잎벌류에서 이런 형태의 애벌레를 볼 수 있다.

▶ **가슴다리 애벌레(oligopod larva)**　가슴다리 세 쌍만 발달한 애벌레 무리를 말한다. 풀잠자리 무리와 딱정벌레 무리에서 볼 수 있는 형태다.

나무껍질 틈에 사는 버섯파리과 일종의 다리 없는 애벌레.

약대벌레의 가슴다리 애벌레.

무늬뾰족날개나방의 다리 많은 애벌레. 다리가 총 8쌍이다.

13

모양으로 구별하기

애벌레의 모양에 따라 다음과 같이 나눌 수 있다.

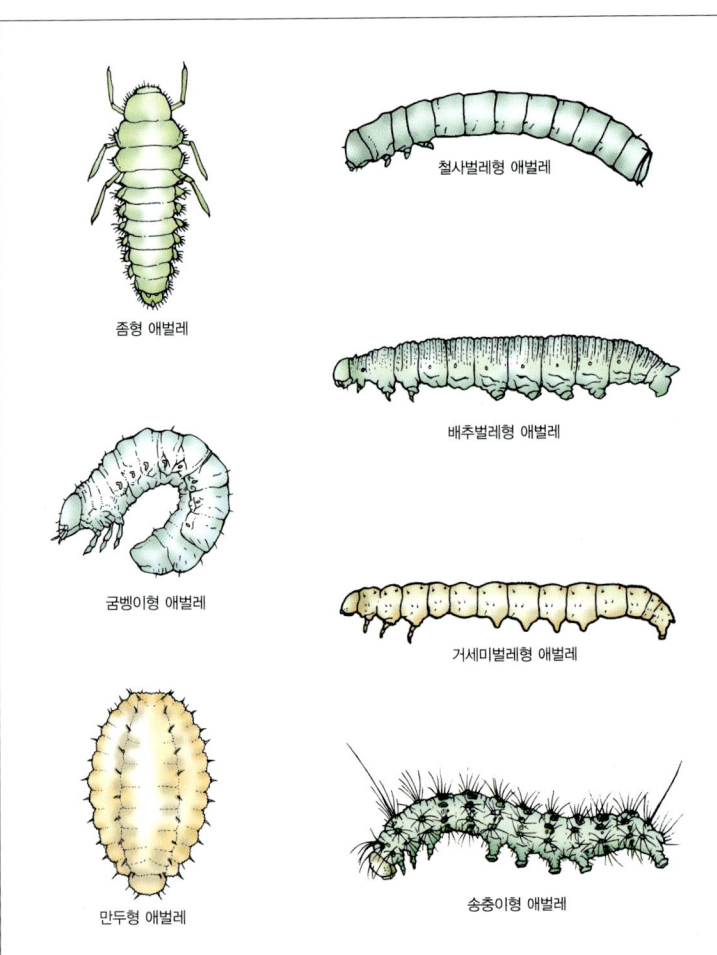

철사벌레형 애벌레

좀형 애벌레

배추벌레형 애벌레

굼벵이형 애벌레

거세미벌레형 애벌레

만두형 애벌레

송충이형 애벌레

▸ **좀형 애벌레(campodeiform larva)** 몸이 납작하고, 뚜렷한 더듬이와 입들이 있으며, 가슴다리가 길게 발달한다. 풀잠자리류 애벌레가 여기에 속한다.

▸ **딱정벌레형 애벌레(carabiform larva)** 몸에 미세한 털이 많으며, 비교적 짧은 걷는 다리가 있다. 먼지벌레류 애벌레가 여기에 속한다.

▸ **철사벌레형 애벌레(elateriform larva)** 몸은 긴 원통으로 표면이 매끈하며, 뚜렷한 머리 부분과 짧은 다리가 특징이다. 방아벌레류와 거저리류 애벌레가 여기에 속한다.

▸ **굼벵이형 애벌레(scarabaeiform larva)** 몸이 'C'자 모양으로 구부러지며, 땅을 잘 팔 수 있도록 머리의 입들과 가슴다리가 발달되었다. 풍뎅이류와 개나무좀류 애벌레가 여기에 속한다.

▸ **구더기형 애벌레(maggot)** 몸은 방추형 혹은 원뿔형이고, 더듬이와 다리 등이 없으며, 이동할 때 몸통 전체로 움직인다. 파리목 애벌레가 여기에 속한다.

한편, 본문에 언급한 나비 무리 애벌레의 형태는 그 특징에 따라 다음과 같이 구분했다.

▸ **배추벌레형** 몸이 길쭉하며, 표면에 잔털이 있다.

▸ **만두형** 등 가운데가 솟았고, 배 쪽은 편평하다.

▸ **상자형** 몸의 앞뒤가 잘린 형태로, 등 쪽은 편평하다.

▸ **거세미벌레형** 몸이 길쭉하고, 표면은 매끈한데, 털받침 부분만 약간 솟았다.

▸ **송충이형** 몸이 길쭉하고, 온몸에 긴 털이 있다. 털받침에 털뭉치가 있다.

▸ **자벌레형** 몸이 매우 길쭉하며, 몸매도 가는 편이다. 가슴다리와 여섯째 배마디의 배다리와 항문다리를 이용해 자로 재듯이 움직인다.

누가 누구의 애벌레인가?

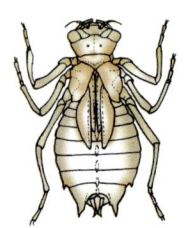

잠자리 무리

메뚜기 무리

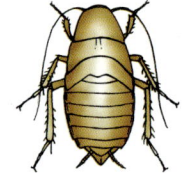

바퀴 무리

노린재 무리

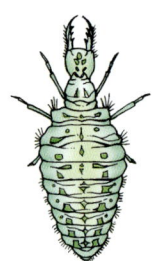

뱀잠자리 무리

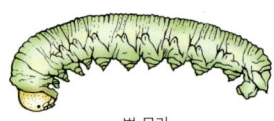

벌 무리

파리 무리(단각류)

파리 무리(장각류)

▶ **잠자리 무리** 애벌레는 물 속 생활을 하며, 육식성으로 아랫입술이 늘어나서 먹이를 잡을 수 있다. 고인 물에 사는 종류는 몸이 납작하고, 흐르는 물에 사는 종류는 몸이 길쭉하다. 애벌레의 가슴다리는 완전하며, 다리 운동 외에도 항문 쪽에서 물을 뿜어 이동하기도 한다. 배 끝에 기관아가미가 있는 경우도 있다.

▶ **메뚜기 무리, 사마귀 무리, 바퀴 무리, 대벌레 무리** 뒷다리가 뛰는 다리인 점 등이 어른벌레와 매우 비슷하지만, 보통 날개는 조그만 잎사귀 모양이다(어른벌레 중에도 날개가 완전하지 않은 것들이 있다). 어른벌레에 비해 배가 작고, 머리 쪽이 커 보인다. 사마귀 무리, 바퀴 무리의 애벌레도 날개의 길이가 다를 뿐 어른벌레와 같은 모양이다. 대벌레 무리는 크기와 몸의 각 부분의 비율이 다를 뿐 생김새는 같다.

▶ **노린재 무리, 매미 무리** 애벌레는 어른벌레와 거의 같은 모양이지만, 종류에 따라서는 애벌레 특유의 무늬가 나타나기도 한다. 애벌레의 날개는 없으나, 가슴 뒤편의 양쪽에 돌출한 가죽 같은 부분이 장차 날개가 될 부분이다.

▶ **풀잠자리 무리, 뱀잠자리 무리, 약대벌레 무리** 애벌레는 기본적으로 좀형이지만, 물 속 생활을 하는 뱀잠자리류의 애벌레나 명주잠자리류의 애벌레는 가슴다리와 큰턱이 발달했다.

▶ **나비 무리** 애벌레는 주로 식물을 먹고 산다. 가슴에는 다리가 세 쌍 있고, 셋째부터 여섯째 배마디에 배다리가 있으며, 아홉째 마디에 항문다리가 있다. 입틀은 씹는 형태고, 머리 양 옆에 고리 모양으로 낱눈 여섯 개가 있다.

▶ **딱정벌레 무리** 애벌레의 형태와 식성, 습성이 매우 다양하다. 가슴다리는 종에 따라 발달하거나 퇴화하기도 하는데, 배다리가 있는 경우는 드물다. 낱눈은 원래 한쪽에 여섯 개가 있으며, 입틀은 대부분 씹는 형태다.

▶ **벌 무리** 넓적허리벌아목의 애벌레는 주로 식물의 잎을 먹고 살며, 보통 가슴다리와 항문다리를 제외하고 배다리 5~7쌍이 있다.

낱눈은 양쪽에 한 쌍씩 있는데, 이 부분이 검어 하나처럼 보인다. 호리허리벌아목의 애벌레는 주로 어미벌이 가져다 주는 먹이를 먹거나, 살아 있는 곤충의 몸 속에 기생하기도 한다. 애벌레는 구더기 모양으로 다리가 없으며, 우윳빛이나 상아색을 띤다.

▶ **파리 무리**　애벌레는 주로 구더기 모양이며, 어른벌레의 더듬이 길이에 따라 열두 마디 이상인 장각아목(각다귀·모기·등에 무리)과 세 마디인 단각아목(초파리·집파리 무리)으로 나눈다. 장각아목의 애벌레는 대체로 길쭉하며, 번데기가 되면 다리와 날개 부분에 홈이 파인 것처럼 보인다. 단각아목의 애벌레는 전형적인 구더기 모양이고, 애벌레의 몸이 그대로 굳어져 생긴 껍질 속에서 번데기가 된다.

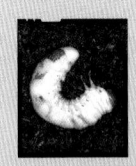

여러 종류의
애벌레

□ 애벌레. 날개가 될 부분이 잘 보인다.(위)
□ 어른벌레.(아래)

검은다리실베짱이 *Phaneroptera nigroantennata*

메뚜기목 여치과

비교적 흔한 종이다. 더듬이가 길며, 몸은 연한 녹색이다. 몸에 검은 반점이 많고, 날개눈(시포)은 부채 모양이다. 키 큰 풀이나 나뭇잎에 올라서 있는 모습이 자주 눈에 띄며, 여러 종류의 풀과 나뭇잎을 먹는다.

나타나는 때 5~9월
사는 곳 숲 주변, 들판
먹이 풀, 나뭇잎
몸 길이 10~20mm

□ 더듬이만 움직이면서 가만히 있는 애벌레.(위)
□ 어른벌레.(아래)

메뚜기목 여치과

나타나는 때 6~8월
사는 곳 숲 주변의
　　　들판
먹이 풀, 나뭇잎
몸 길이 15mm

베짱이붙이 *Holochlora japonica*

검은다리실베짱이보다는 드문 편이다. 몸은 연한 청록색이고, 뒷가슴에 양쪽으로 검은 점이 있으며, 더듬이는 분홍색을 띤다. 사람 눈에 띄면 잎을 따라 세로로 납작 엎드린다. 애벌레는 잡식성이지만 초식성이 강한데, 풀보다는 나뭇잎을 주로 갉아먹는다. 어른벌레는 풀과 작은 곤충도 먹는다.

▫ 어른벌레.(위)
▫ 몸에 갈색 줄이 있는 애벌레.(아래)

긴날개여치 *Gampsocleis ussuriensis*

전국에서 흔히 볼 수 있는 종으로, 녹색 몸에 등과
배 양쪽을 따라 회갈색 줄무늬가 있다. 풀이 무성한
바닥에 살며, 키가 큰 풀에 올라서는 일은 드물다.
어린 애벌레는 주로 벼과 식물을 먹으나, 자라면서
다른 곤충류를 잡아먹는다.

메뚜기목 여치과

나타나는 때 5~6월
사는 곳 양지바른 들판
먹이 풀, 작은 곤충
몸 길이 30~35mm

■ 애벌레. 앞가슴등판 양쪽이 희다.(위)
■ 어른벌레.(아래)

갈색여치 *Paratlanticus ussuriensis*

나타나는 때 4~7월
사는 곳 들판,
　　　　　물가의 풀밭
먹이 작은 곤충
몸 길이 20~25mm

산지에서 흔히 보이는 종으로, 어린 애벌레는 몸이 검고, 앞가슴등판 양쪽이 희다. 애벌레는 자라면서 보다 갈색을 띤다. 잡목이 많은 들판이나 물과 가까운 풀밭에 많다.

□ 다 자란 애벌레는 어른벌레와
  비슷하다.(위)
□ 어린 애벌레.(왼쪽)
□ 어른벌레.(오른쪽)

긴꼬리쌕새기 *Conocephalus exemptus*

메뚜기목 여치과

더듬이가 매우 길다. 어린 애벌레의 몸은 우윳빛인
데, 등 쪽에 쌍을 이루는 갈색 줄무늬가 머리에서
배 끝까지 있고, 그 가장자리는 희다. 다 자란 애벌
레는 날개 길이만 어른벌레와 다르다. 인기척이 나
면 풀 뒤쪽에 숨거나 재빨리 도망간다. 각종 풀과
나뭇잎, 작은 곤충류를 먹는다.

나타나는 때 6~8월
사는 곳 숲 근처 들판,
　　　　　개울가
먹이 풀, 나뭇잎,
　　　작은 곤충
몸 길이 15~20mm

■ 애벌레. 다리의 검은 띠가 선명하다.

메뚜기목 귀뚜라미과

나타나는 때 5~9월
사는 곳 마을과 숲
　　　　 근처의 들판
먹이 풀 뿌리, 낙엽,
　　 잎, 죽은 곤충
몸 길이 5mm

알락방울벌레 *Dianemobius nigrofasciatus*

인가 근처에도 흔한 작은 귀뚜라미로, 인기척에 아주 민감하다. 뒷다리에 굵고 검은 띠가 있다. 풀의 뿌리나 잎, 낙엽, 죽은 곤충 등을 먹는 잡식성이다.

□ 애벌레. 바닥의 모래와 구별하기 어렵다.(위)
□ 어른벌레. 애벌레와 마찬가지로 보호색을 띤다.(아래)

동양알락방울벌레 *Dianemobius csikii*

메뚜기목 귀뚜라미과

매우 작고, 몸빛이 모래와 같아서 모래밭에 있으면 눈에 잘 띄지 않는다. 인기척을 느끼면 모래밭에 몸을 낮게 숨기고 더듬이만 움직인다. 여러 가지 잡초의 뿌리와 잎, 조그만 곤충류의 사체를 먹는다.

나타나는 때 5~9월
사는 곳 개울가,
모래 해변
먹이 식물 뿌리,
죽은 곤충
몸 길이 5mm

□ 어린 애벌레.(위)
□ 애벌레. 허리춤에 흰 띠가
　보인다.(왼쪽)
□ 어른벌레.(오른쪽)

메뚜기목 귀뚜라미과

나타나는 때 4~8월
사는 곳 마을, 들판
먹이 풀뿌리, 잎,
　　　 낙엽, 죽은 곤충
몸 길이 20mm

왕귀뚜라미 *Teleogryllus emma*

그늘 진 곳에서 흔히 볼 수 있는 귀뚜라미로, 정원의 화분 밑에도 많다. 몸은 검은 편이며, 어린 애벌레는 뒷가슴의 뒷모서리를 따라 흰 띠가 있다. 풀의 뿌리나 잎, 낙엽 등을 가리지 않고 먹으며, 죽은 곤충도 먹는 잡식성이다.

□ 애벌레. 무늬 변화가 많다.(위)
□ 어른벌레.(아래)

모메뚜기 *Tetrix japonica*

낙엽이 많은 숲 바닥이나 물과 가까운 곳에서 자주 눈에 띈다. 어른벌레와 비슷해 구분하기 어려운데, 무릎 약간 앞쪽의 돌출부가 없는 것이 애벌레다. 몸의 색깔과 무늬는 개체에 따라 다양하다.

메뚜기목 모메뚜기과

나타나는 때 5~10월
사는 곳 숲 바닥, 개울가
먹이 낙엽이나 마른 잎
몸 길이 5~10mm

□ 애벌레. 어른벌레와 달리 울지 못한다.

메뚜기목 메뚜기과

나타나는 때 4~5월
사는 곳 산지의
　　　　　양지바른 풀밭
먹이 풀
몸 길이 15~30mm

삽사리 *Mongolotettix japonicus*

전국적으로 흔한 종으로, 회갈색 몸에 등 양쪽을 따라 밝은 줄무늬가 있다. 대체로 머리 쪽이 큰 느낌이고, 더듬이는 방아깨비와 비슷하다. 암컷이 수컷에 비해 크게 자라며, 벼과 식물을 좋아한다.

■ 어린 애벌레.(위)
■ 어린 애벌레 무리.(아래)

긴날개밑들이메뚜기 *Ognevia longipennis*

몸은 약간 누런색을 띠고, 뒷다리에는 검은 띠가 있다. 초봄이면 들판에 집단으로 발생하는데, 가까이 가면 일제히 뛰어다녀서 풀에 부딪히는 소리가 크게 들린다. 가끔 농작물을 갉아먹어 피해를 주기도 한다.

메뚜기목 메뚜기과

나타나는 때 5~6월
사는 곳 숲 근처 들판
먹이 여러 가지 풀과
　　　　나뭇잎
몸 길이 20~30mm

□ 애벌레. 등에 흰 줄이 있다.(위)
□ 어른벌레.(아래)

메뚜기목 메뚜기과

나타나는 때 5~8월
사는 곳 논, 개울가,
　　　　야산의 풀밭
먹이 풀
몸 길이 20~35mm

벼메뚜기 *Oxya japonica*

등을 따라 흰 줄이 있고, 겹눈에 세로 무늬가 있다. 몸빛은 녹색형과 연한 갈색형이 있다. 인기척을 느끼면 잎 뒤로 숨고, 벼과 식물을 좋아한다. 예전에는 논에 많았지만 요즘은 농약 때문에 보기 힘들다.

□ 애벌레. 눈 화장을 한 것처럼 눈 밑에 무늬가 있다.

각시메뚜기 *Patanga japonica*

몸이 큰 편이고, 눈 밑에 독특한 무늬가 있다. 몸빛은 갈색형과 녹색형이 있으며, 몸에 털이 많다. 어른벌레로 겨울을 나는 특이한 메뚜기다. 벼과 식물을 비롯해 여러 종류의 풀을 갉아먹는다.

메뚜기목 메뚜기과

나타나는 때 9~10월
사는 곳 개울가, 낮은 산의 풀밭

먹이 풀
몸 길이 30~40mm

□ 어른벌레의 날개돋이. 곁에 애벌레의 허물이 보인다.(위)
□ 어른벌레.(아래)

잠자리목 측범잠자리과

나타나는 때 4~5월
사는 곳 산지의 개울
먹이 물 속의
　　　작은 동물
몸 길이 20mm

쇠측범잠자리 *Davidius lunatus*

바닥이 진흙이며, 물에 잠긴 낙엽이 많은 산지 개울 쪽의 돌 밑을 기어다닌다. 몸은 납작한 편이며, 배 쪽은 약간 알록달록하다. 더듬이가 귀 모양으로 부풀고, 등 뒤로 날개눈 두 쌍이 뚜렷하다. 날개돋이 할 때가 가까워지면 물 위의 바위에 오른다. 산지에 있는 개울의 자갈이 많은 곳에 산다.

□ 애벌레. '수채' 라고도 한다.

왕잠자리 *Anax parthenope julius*

잠자리목 왕잠자리과

비교적 큰 연못에 살고, 물 속의 바닥을 기어다닐 때는 움직임이 느리다. 흑갈색 몸이 길쭉한 편이며, 등의 양쪽으로 옅은 갈색 줄무늬가 있다. 바닥이 진흙이고 수초가 많은 연못에 산다.

나타나는 때 4~8월
사는 곳 연못
먹이 물 속의
    작은 동물류
몸 길이 50mm

□ 애벌레. 낙엽 사이를 돌아다닌다.(위)
□ 어른벌레.(아래)

바퀴목 바퀴과

나타나는 때 3~10월
사는 곳 산지의
　　　　낙엽 속
먹이 여러 가지 부식물
몸 길이 10mm

산바퀴 *Blattella nipponica*

전국의 산지에 흔하며, 한두 마리씩 발견되는 경우
는 드물다. 집에 사는 바퀴와 달리 애벌레가 보다
검고, 넓적한 편이다. 몸 가장자리를 따라 황색을
띤다. 인기척을 느끼면 낙엽 속으로 숨는다.

□ 애벌레. 집 밖에서도 가끔 발견된다.(위)
□ 어른벌레.(아래)

집바퀴 *Periplaneta japonica*

바퀴목 왕바퀴과

약간 납작한 모양으로, 온몸에 윤기가 있다. 몸은 암갈색이고, 앞가슴의 위쪽 가운데는 황갈색을 띤다. 어른벌레와 애벌레가 함께 살며 사회생활을 한다. 집에 사는 다른 바퀴와 달리 숲의 나무 구멍에서도 종종 발견된다.

나타나는 때 1년 내내
사는 곳 집 안, 집과 가까운 숲
먹이 여러 가지 부식물
몸 길이 25mm

□ 애벌레. 작지만 어엿한 사마귀의
　모습이다.(위)
□ 어른벌레.(왼쪽)
□ 알집.(오른쪽)

사마귀목 사마귀과

나타나는 때 5~7월
사는 곳 숲 근처, 물가
먹이 작은 곤충
몸 길이 60~85mm

사마귀 *Tenodera angustipennis*

어른벌레와 비슷한 모양이며, 몸은 약간 가는 편이다. 한 살 애벌레는 주로 진딧물류를 사냥하고, 세 살 애벌레 이 후에는 꽃 뒤에 숨어 가까이 오는 나비나 파리를 잡아먹는다.

□ 애벌레. 조그만 나뭇가지를 닮았다.

긴수염대벌레 *Phraortes illepidus*

어른벌레와 같은 모양이지만, 몸이 약간 가늘다. 어린 애벌레는 다리에 띠 무늬가 있다. 녹색형이 많은 편이며, 갈색형도 있다. 가만히 있으면 나뭇가지와 구별하기 어렵다. 대벌레와 달리 더듬이가 앞다리만큼 길다.

대벌레목 긴수염대벌레과

나타나는 때 5~6월
사는 곳 숲 속
먹이 여러 가지 나뭇잎
몸 길이 60~80mm

■ 소나무에 만든 애벌레의 거품집.

매미목 거품벌레과

나타나는 때 5~8월
사는 곳 소나무 숲
먹이 소나무와
　　　잣나무 등의 즙
몸 길이 5mm

솔거품벌레 *Aphrophora flavipes*

소나무류의 잔가지에 거품집을 만들어 놓는데, 보통 집 하나에 서너 마리 이상이 함께 산다. 때로는 소나무에 그을음병을 일으키기도 한다. 거품집 속의 애벌레 몸은 검은 편이고, 배는 적갈색을 띤다.

□ 애벌레. 잎에 납작 엎드려 있다.

귀매미 *Ledra auditura*

어느 쪽이 머리인지 분간하기 어렵다. 몸이 넓적하고, 머리는 넓은 삽 모양이다. 인기척을 느끼면 잎 표면에 붙어 움직이지 않으며, 만지면 튀어서 도망간다.

매미목 귀매미과

나타나는 때 5∼6월
사는 곳 숲 속,
　　　　　산길 근처
먹이 여러 가지 풀과
　　　나무의 즙
몸 길이 10mm

□ 애벌레. 머리 모양이 어른벌레와
같다.(위)
□ 어린 애벌레.(왼쪽)
□ 어른벌레.(오른쪽)

매미목 귀매미과

나타나는 때 5~6월
사는 곳 숲 속,
산길 근처
먹이 여러 가지
나무의 즙
몸 길이 10mm

금강산귀매미 *Neotituria kongosana*

나뭇잎을 잘 살펴야 보인다. 몸은 약간 투명한 녹색
으로 넓적하고, 머리 부분은 삽을 뒤집어 놓은 것처
럼 튀어나왔다. 인기척을 느끼면 잎맥 부근에 납작
하게 엎드린다.

□ 애벌레. 겹눈에 눈동자 무늬가 있다.(위)
□ 교미 중인 어른벌레.(아래)

끝검은말매미충 *Bothrogonia japonica*

매미목 매미충과

전국적으로 흔한 매미충으로, 몸은 노랗고, 겹눈에 눈동자 무늬가 있다. 다섯 번 허물을 벗으면 어른벌레가 되는데, 애벌레와 어른벌레가 모여 큰 집단을 이루는 경우가 종종 있다. 인기척을 느끼면 집단 전체가 액체로 된 배설물을 아래로 뿌려서 비처럼 내리기도 한다.

나타나는 때 5~9월
사는 곳 숲 근처 들판,
숲 속
먹이 여러 가지 풀과
나무의 즙
몸 길이 9~11mm

□ 애벌레. 배 끝에 흰 털뭉치가 있다.(왼쪽)

□ 어른벌레.(오른쪽)

매미목 날개매미충과

나타나는 때 6~8월
사는 곳 산길 주변
먹이 여러 가지 풀과
　　　나무의 즙
몸 길이 5~7mm

신부날개매미충 *Euricania clara*

주로 식물의 줄기에 붙어 있다. 배 끝에 달린 흰 솜
털 같은 술을 우산처럼 펼치고 있어서 몸이 더 커
보인다. 솜털은 만지면 쉽게 빠진다. 다섯 번 허물
을 벗으면 어른벌레가 된다.

□ 나무에 잔뜩 매달려 있는
  애벌레의 허물.(위)
□ 애벌레. 땅 속의 나무 뿌리
  근처에 산다.(왼쪽)
□ 어른벌레.(오른쪽)

참매미 *Oncotympana fuscata*

매미목 매미과

애벌레 시기를 대부분 땅 속에서 보내므로, 날개돋
이를 하기 위해 나무에 기어오를 때 애벌레를 관찰
할 수 있다. 애매미보다 약간 크며, 허물을 벗은 껍
질은 보다 갈색을 띤다. 앞다리에 있는 가시들은 굵
고 강하다. 애벌레로 5~6년 지내는 것으로 추정되
며, 7~8월에 날개돋이를 한다.

나타나는 때 7~8월
사는 곳 숲, 마을,
          과수원
먹이 여러 가지
        나무 뿌리의 즙
몸 길이 27~30mm

□ 애벌레의 허물.(위)
□ 어른벌레.(아래)

매미목 매미과

나타나는 때 7~9월
사는 곳 숲, 마을,
　　　　과수원
먹이 여러 가지
　　　나무 뿌리의 즙
몸 길이 22~25mm

애매미 *Meimuna opalifera*

날개돋이를 위해 잠시 땅 위로 나올 때만 애벌레를
볼 수 있다. 참매미에 비해 허물을 벗은 껍질의 색
이 연한 편이며, 전체적으로 몸이 가늘다. 앞다리의
가시돌기들은 뚜렷하지만, 크기는 약간 작다. 애벌
레로 3~4년 지내는 것으로 추정되며, 7~9월에 날
개돋이를 한다.

□ 사사키잎혹진딧물의 벌레혹.
  벚나무 잎에 분홍색 혹을
  만든다.(위)
□ 때죽나무납작진딧물의 벌레혹.
  때죽나무에 바나나 같은 벌레혹을
  만든다.(왼쪽)
□ 꽃오배자면충의 벌레혹.
  붉나무에 생기며, 한방에서
  약재로 사용한다.(오른쪽)

혹진딧물류(매미목 잔딧물과, 면충과)

다양한 진딧물과 면충이 벌레혹을 만드는데, 혹을 만드는 식물과 혹의 모양
은 대부분 종에 따라 정해져 있다. 벌레혹의 내부에는 애벌레부터 어른벌레
까지 모여 있는 경우가 많다. 진딧물류의 벌레혹은 대개 완전히 닫혀 있지
않은 '어리벌레혹' 이다.

□ 애벌레. 작은 곤충을 사냥한다.(위)
□ 어른벌레.(아래)

매미목 침노린재과

나타나는 때 7월~
                이듬해 4월
사는 곳 숲, 산길 주변
먹이 곤충의 체액
몸 길이 10mm

다리무늬침노린재 *Sphedanolestes impressicollis*

머리 쪽은 가늘고, 배는 타원형이다. 전체적으로 검지만, 배에 연노란색 무늬가 있다. 온몸이 우툴두툴하고, 다리는 희고 검은 띠가 색동 무늬를 이룬다. 나뭇잎이나 가지 위를 활발히 기어다니며, 애벌레 상태로 겨울을 난다.

▫ 애벌레. 잎벌류를 사냥해 체액을 빨고 있다.

껍적침노린재 *Velinus nodipes*

노린재목 침노린재과

온몸이 울퉁불퉁하며, 배는 넓적한 편이다. 전체적으로 검지만, 배의 등 쪽은 회색이 도는 녹색이다. 나무나 풀 등에서 돌아다니며 곤충을 사냥하는데, 흔히 먹고 남은 찌꺼기를 몸에 붙이고 다닌다.

나타나는 때 8월~
　　　　　　이듬해 4월
사는 곳 숲
먹이 여러 곤충의 체액
몸 길이 10mm

□ 무리지어 있는 애벌레. 잎 한 장에 다닥다닥 붙어 있다.

노린재목 방패벌레과

나타나는 때 5~9월
사는 곳 가로수길,
　　　　　공원
먹이 양버즘나무,
　　　버즘나무
몸 길이 2.5mm

버즘나무방패벌레 *Corythucha ciliata*

북미 원산으로 우리 나라에는 1995년에 침입하여 버즘나무에 기생한다. 피해가 심한 잎은 시들어서 누렇게 변한다. 보통 잎 뒷면에 수십 마리가 붙어 있으며, 어른벌레와 애벌레가 함께 있는 경우가 많다. 검은 몸에 누런 무늬가 있으며, 배는 가시투성이다. 5~9월에 새로운 개체가 여러 번 발생한다.

□ 무리지어 있는 애벌레.

십자무늬긴노린재 *Tropidothorax cruciger*

광택 나는 오렌지색 몸에 머리와 날개눈은 흑갈색
이다. 박주가리나 그 인근의 풀에 큰 집단으로 있는
경우가 많은데, 가까이 접근하면 흩어진다. 흔히 애
벌레와 어른벌레가 같이 발견된다.

노린재목 긴노린재과

나타나는 때 6월
사는 곳 산지의 들판,
　　　경작지 주변
먹이 박주가리
몸 길이 6~8mm

□ 애벌레. 떡갈나무 잎 뒷면에 모여 있다.(위)
□ 어린 애벌레.(아래)

노린재목 참나무노린재과

나타나는 때 3~6월
사는 곳 참나무 숲
먹이 신갈나무,
　　　떡갈나무,
　　　갈참나무
몸 길이 9mm

작은주걱참나무노린재 *Urostylis annulicornis*

대체로 5월 중순쯤에 네 살 애벌레에서 다섯 살 애
벌레가 되는데, 이 때 검고 붉은 무늬들이 사라진
다. 밝은 녹색 몸에 가장자리는 연노란색을 띤다.
참나무류의 잎 뒷면에 살며, 주맥 부근에 모여 있는
경우가 많다.

■ 애벌레. 땅 위를 기어다닌다.(위)
■ 어른벌레.(아래)

땅별노린재 *Pyrrhocoris sibiricus*

어른벌레와 생김새가 비슷한데, 회갈색 배에 빨간 줄무늬가 있는 점이 다르다. 낮에는 주로 돌 밑에서 지내며, 흔히 어른벌레와 애벌레가 같이 있다. 식물 위로 기어오르는 일은 드물다. 논에서 벼 이삭의 즙을 빨아먹어 피해를 주기도 한다.

노린재목 별노린재과

나타나는 때 5~8월
사는 곳 건조한 풀밭,
　　　　　개울가,
　　　　　농경지
먹이 여러 가지
　　　풀의 즙
몸 길이 6~8mm

□ 애벌레. 식물의 즙을 빨고 산다.

노린재목 허리노린재과

나타나는 때 5~9월
사는 곳 숲 가장자리,
　　　　　산길 주변의
　　　　　풀밭
먹이 칡이나
　　　비수리 등의 즙
몸 길이 10mm

두점배허리노린재 *Homoeocerus unipunctatus*

몸은 넓적한 타원형이며, 어른벌레와 달리 연두색을 띤다. 더듬이의 첫째·둘째 마디가 원통형인 것이 넓적배허리노린재와 다르다. 건드리면 잎 뒤로 돌아가 숨는다. 콩의 즙을 빨기도 한다.

□ 애벌레. 가슴에 뾰족한 가시가 있다.(위)
□ 어린 애벌레.(왼쪽)
□ 어른벌레.(오른쪽)

우리가시허리노린재 *Cletus schmidti*

노린재목 허리노린재과

가슴과 배마디 가장자리에 가시가 있다. 어린 애벌레일 때는 가슴과 머리가 검고, 배는 연두색을 띤다. 벼 이삭에 기생하는데, 쌀알에 반점을 만들어 상품성을 떨어뜨린다. 5~9월에 새로운 개체가 여러 번 발생한다. 주로 벼과, 여뀌과 식물의 이삭이나 열매에서 즙을 빤다.

나타나는 때 5~9월
사는 곳 숲 주변, 산길, 물가의 풀밭
먹이 벼과나 여뀌과 식물의 즙
몸 길이 8mm

□ 애벌레도 어른벌레와 마찬가지로 고약한 냄새를 풍긴다.

나타나는 때 6~8월
사는 곳 산지 부근의
　　　풀밭, 산길
먹이 산딸기, 엉겅퀴,
　　싸리 등의 즙
몸 길이 18mm

큰허리노린재 *Melypteryx fuliginosa*

전체적인 모양과 색깔은 어른벌레와 같다. 보통 먹이식물에서 멀리 이동하지 않으며, 어린 애벌레는 여러 마리가 모여 있다. 만지면 고약한 냄새를 풍긴다. 앞가슴등판 양쪽이 튀어나와서 누구의 애벌레인지 짐작할 수 있다.

- 다 자란 애벌레. 콩밭에 흔하다.(위)
- 어린 애벌레. 개미와 아주 비슷하다.(왼쪽)
- 어른벌레 한 쌍.(오른쪽)

톱다리개미허리노린재 *Riptortus clavatus*

노린재목 호리허리노린재과

배가 마름모꼴이며, 검은빛 몸이 얼핏 보면 개미 같다. 간혹 적갈색을 띠는 개체도 있다. 애벌레와 어른벌레가 모여 있는 경우가 많으며, 때때로 큰 집단을 이루기도 한다. 콩의 해충으로, 콩이나 뽕나무 등 각종 풀과 나무의 즙을 빤다.

나타나는 때 4~10월
사는 곳 산지나 평지의 풀밭, 경작지
먹이 여러 가지 식물의 즙
몸 길이 11.5mm

ㅁ 애벌레. 늦가을 가죽나무 잎에 모여 있다.(위)
ㅁ 어른벌레.(아래)

노린재목 광대노린재과

나타나는 때 7월~
이듬해 5월
사는 곳 산지, 공원
먹이 식물의 즙
몸 길이 13mm

광대노린재 *Poecilocoris lewisi*

전국적으로 흔한 종으로 늦가을에는 애벌레들이 모여 집단을 이루는 경우가 흔하며, 애벌레 상태로 겨울을 난다. 어린 애벌레는 약간 붉은빛을 띠지만, 다섯 살 애벌레는 몸이 희고, 머리와 가슴, 배의 무늬는 검다. 오리나무, 참나무, 때죽나무, 가죽나무 등 각종 나무의 열매나 땅콩으로 사육할 수 있다.

■ 애벌레들이 사이좋게 모여 산다.(위)
■ 알.(왼쪽)
■ 어른벌레.(오른쪽)

큰광대노린재 *Poecilocoris splendidulus*

비교적 드물게 보이는 종이다. 온몸에 녹색과 적색, 청색 광택이 돌아 아름다우며, 큰 잎사귀에 모여 있으면 보석처럼 보인다. 어린 애벌레는 광대노린재와 구분하기 어려울 만큼 비슷하지만, 앞가슴등판 가장자리까지 검은 것이 다르다. 땅콩으로 사육할 수 있다.

노린재목 광대노린재과

나타나는 때 7월~
　　　　　　이듬해 4월
사는 곳 산지, 공원
먹이 회양목 열매의 즙
몸 길이 14mm

□ 애벌레. 방패 같은 모습이다.

노린재목 억새노린재과

나타나는 때 5~9월
사는 곳 들판
먹이 참억새, 띠 등
　　　　벼과 식물
몸 길이 15mm

억새노린재 *Gonopsis affinis*

몸은 납작한 방패 모양이고, 밝은 황색에 붉은 줄무늬가 있다. 억새 등의 잎에 세로로 붙어 움직이지 않는다. 자극을 받으면 배에서 액체를 뿜는다. 남부 지방의 벼과 식물이 많은 들판에 산다.

□ 애벌레. 보랏빛 광택이 난다.(위)
□ 어른벌레.(아래)

깜보라노린재 *Menida violacea*

노린재목 노린재과

가슴과 날개눈은 보랏빛 광택이 도는 검은색이다.
배는 보라색을 띠며, 가운데에 검은 혹 무늬가 줄이
어 있다. 어린 애벌레들은 모여 살며, 상수리나무와
참오동, 수국 등 각종 풀과 나무의 즙을 빤다.

나타나는 때 9~10월
사는 곳 산지의
　　　　　　숲 주변
먹이 식물의 즙
몸 길이 7mm

■ 애벌레. 가슴 앞쪽이 희다.(위)
■ 어른벌레.(아래)

노린재목 노린재과

나타나는 때 8월~
　　　　　이듬해 6월
사는 곳 산지나
　　　　　평지의 풀밭
먹이 풀과 나무의 즙
몸 길이 8mm

가시노린재 *Carbula putoni*

몸이 약간 울퉁불퉁하고, 어른벌레와 달리 앞가슴
등판 옆이 별로 튀어나오지 않았다. 앞가슴등판의
앞섶은 희다. 어린 애벌레들은 모여 사는데, 자극을
받으면 땅으로 떨어진다. 쑥, 개망초, 엉겅퀴, 산딸
기 등 각종 풀과 나무에서 즙을 빤다.

□ 애벌레. 개암나무 열매에서 즙을 빨고 있다.(위)
□ 어른벌레.(아래)

썩덩나무노린재 *Halyomorpha halys*

가슴의 가장자리를 따라 가시가 많고, 다리와 더듬이에 흰 띠가 있다. 한 살 애벌레는 오렌지색에 검은 반점이 있다. 어린 애벌레일 때는 모여 살며, 이동할 때도 보통 줄을 지어 간다. 콩과 식물, 쥐똥나무, 감, 복숭아 등 여러 가지 풀과 나무의 열매에서 즙을 빤다.

노린재목 노린재과

나타나는 때 6~9월
사는 곳 마을 근처 숲,
들판
먹이 여러 가지
열매의 즙
몸 길이 12mm

□ 알에서 막 깬 애벌레들.(위)
□ 무리지어 있는 어린 애벌레.(아래)

□ 애벌레. 몸이 알록달록하다.

풀색노린재 *Nezara antennata*

노린재목 노린재과

나타나는 때 5~9월
사는 곳 들판, 논, 밭
먹이 여러 가지 풀과
　　나무의 열매
몸 길이 10mm

몸은 녹색으로, 배에 분홍색과 흰색 점이 알록달록
하다. 애벌레 기간은 한두 달이며, 다섯 번 허물을
벗는데, 나이별로 몸의 무늬가 약간씩 달라진다.
5~9월에 새로운 개체가 여러 번 나타난다.

□ 애벌레. 온몸이 녹색 혹은 갈색이다.(위)
□ 어른벌레.(아래)

노린재목 노린재과

나타나는 때 8~10월
사는 곳 산지의
　　　　　숲 주변
먹이 식물의 즙
몸 길이 11mm

북방풀노린재 *Palomena angulosa*

몸은 풀색으로, 간혹 갈색을 띠기도 한다. 한 살 애벌레부터 세 살 애벌레까지는 머리와 가슴이 대부분 검고 배는 녹색이며, 등 가운데에 검은 혹 무늬가 줄지어 있다. 어린 애벌레 때는 모여 산다. 녹색 잎사귀에 붙어 있으며, 여러 종류의 풀과 나무에 모이지만, 콩과와 국화과 식물을 좋아한다.

◻ 애벌레. 주변을 돌아다니다 애벌레를 만나면 주둥이를 꽂고 체액을 빨아먹는다.

남색주둥이노린재 *Zicrona caerulea*

노린재목 노린재과

나타나는 때 5~9월
사는 곳 숲 속, 들판
먹이 여러 애벌레의
　　　체액
몸 길이 6mm

가슴과 머리는 검고 남색 광택이 나며, 배는 붉다. 배의 등 쪽 가운데를 따라 검은 무늬가 줄지어 있다. 풀이나 나뭇잎 위를 활발히 돌아다닌다. 어린 애벌레는 모여 살며, 먹이를 먹을 때도 모여서 먹는다. 5~9월에 새로운 개체가 여러 번 나타난다.

□ 느릅나무 껍질 밑에서 겨울을 나는 애벌레.

약대벌레목 약대벌레과

나타나는 때 9월~
　　　　　　이듬해 3월
사는 곳 숲이나 시골의
　　　　　큰 나무
먹이 나무껍질 밑의
　　　작은 동물
몸 길이 10mm

약대벌레 *Inocellia japonica*

몸은 길쭉하고 납작한 편이다. 앞가슴에 비해 가운 뎃가슴이 잘록하며, 머리는 직사각형이다. 보통 10~11번 허물을 벗은 뒤 애벌레 상태로 겨울을 나며, 이른 봄에 나무껍질 밑에서 번데기가 된다.

□ 애벌레.(위)
□ 애벌레의 집, 개미지옥.(왼쪽)
□ 어른벌레.(오른쪽)

명주잠자리 *Hagenomyia micans*

몸이 납작한 편이나, 배는 약간 볼록하다. 머리는
사각형이고, 앞쪽으로 난 큰턱은 집게 모양이다. 몸
은 황갈색이며, 흑갈색 무늬들이 있다. 입자가 고운
흙에 고깔 모양의 함정을 파고 가운데에서 기다리
다가 먹이가 걸려 들면 머리로 모래를 쳐서 던지며
도망가는 것을 방해한다.

뱀잠자리목 명주잠자리과

나타나는 때 10월~
　　　　　　 이듬해 5월
사는 곳 산길 주변,
　　　　　 산지의 마을
먹이 각종 곤충
몸 길이 12mm

68

□ 애벌레. 작지만 육식성이다.

풀잠자리목 뱀잠자리붙이과

애뱀잠자리붙이류 *Micromus* sp.

나타나는 때 4~5월
사는 곳 진딧물이 많은
　　　　　　나무나 풀
먹이 진딧물 등
　　　작은 곤충의 체액
몸 길이 5mm

몸이 가늘고 긴 편이며, 머리와 꼬리 쪽이 좁아서 전체적인 모양은 물방개의 애벌레와 비슷하다. 길고 가는 가슴다리로 잎이나 가지 위를 활발히 기어 다닌다. 머리는 풀잠자리의 애벌레보다 좁은 편이다. 세 번 허물을 벗으면 번데기가 된다.

□ 애벌레. 등에 나무 부스러기 등을 잔뜩 지고 다닌다.

풀잠자리류 Chrysopidae spp.

풀잠자리목 풀잠자리과

좀형 애벌레로, 머리에는 집게 모양의 큰턱이 있다. 흰색 몸에 암갈색 무늬들이 있지만, 보통 나무 부스러기나 먹고 남은 찌꺼기들을 몸에 붙이고 다녀서 잘 보이지 않는다. 종을 구분하기 위해 애벌레 시기에 대한 연구가 필요한 무리다.

나타나는 때 6~9월
사는 곳 진딧물이 많은 나무나 풀
먹이 진딧물 등 작은 곤충의 체액
몸 길이 10mm

□ 달팽이를 잡아먹는 애벌레.(위)
□ 땅 속의 번데기.(왼쪽)
□ 어른벌레.(오른쪽)

딱정벌레목 딱정벌레과

나타나는 때 5~7월
사는 곳 숲 바닥,
　　　　산길 주변
먹이 달팽이, 지렁이 등
　　　작은 동물
몸 길이 30mm

홍단딱정벌레 *Damaster smaragdinus*

몸이 약간 납작하고, 앞은 둥글며 뒤는 좁아지는 방추형이다. 가장자리는 마디를 따라 톱니 모양을 이루고, 배 끝에는 뿔 모양 돌기가 한 쌍 있다. 검은 몸에 광택이 있다. 땅 속에서 번데기가 되며, 주로 밤에 돌아다닌다.

길앞잡이 *Cicindela chinensis flammifera*

이마가 넓적하고, 큰턱이 예리하다. 우윳빛 몸에 털
받침은 갈색이다. 다섯째 배마디의 등에 가시가 돋
은 돌기가 있는데, 애벌레가 집 밖으로 끌려가는 것
을 막아 준다. 수직으로 굴을 판 뒤 머리로 입구를
막고 기다리다가 지나가는 먹이를 순식간에 낚아
챈다. 애벌레 혹은 어른벌레로 겨울을 난다.

딱정벌레목 길앞잡이과

나타나는 때	10월~ 이듬해 4월, 7~8월
사는 곳	시골길, 산길, 묵은 밭
먹이	곤충과 작은 동물
몸 길이	20mm

□ 애벌레. 물 속에 살며, 육식성이다.(위)
□ 어른벌레.(아래)

나타나는 때 6~8월
사는 곳 약간 큰 연못
먹이 작은 물고기,
　　　　올챙이, 곤충 등
몸 길이 40mm

검정물방개 *Cybister brevis*

길쭉한 몸에 머리는 달걀형이고, 큰턱은 예리한 집게 모양이다. 암갈색 몸에 등 쪽 가운데에 황백색 줄무늬가 선명하다. 배의 끝 두 마디는 막대 모양인데 양쪽으로 털이 많으며, 이 부분을 물 밖으로 내어 숨을 쉰다. 먹이를 잡으면 소화액을 주입한 뒤 체액을 빨아먹는다.

■ 낙엽 속에 사는 애벌레.(위)
■ 어른벌레.(아래)

큰넓적송장벌레 *Eusilpha jakowlewi*

넓적한 몸은 전체가 검고, 가슴 쪽이 넓은 방추형이
다. 배마디 가장자리가 톱니처럼 튀어나와 약간 징
그럽다. 야행성으로 낮에는 주로 낙엽 속에 숨어 있
다. 흔히 같은 장소에서 어른벌레와 애벌레가 함께
발견된다. 지렁이나 개구리 등 작은 동물의 사체에
서 많이 보인다.

딱정벌레목 송장벌레과

나타나는 때 5~8월
사는 곳 숲 바닥,
　　　　개울가, 마을
먹이 동물의 사체
몸 길이 25mm

□ 썩은 나무 속을 파먹는 애벌레.(위)
□ 어른벌레.(아래)

딱정벌레목 사슴벌레과

나타나는 때 10월~
　　　　　이듬해 5월
사는 곳 숲의 썩은
　　　　　참나무류의 속
먹이 썩은
　　　　참나무류의 속
몸 길이 20mm

다우리아사슴벌레 *Prismognathus dauricus*

보통 몸이 'C'자 형으로 굽는다. 썩은 나무 속에 둥글게 방을 만들고 그 속에서 생활한다. 머리는 연한 갈색이고, 몸은 우윳빛이다. 손을 대면 물려고 하며, 애벌레들끼리도 심하게 싸운다.

□ 인공 사료로 사육 중인 애벌레. 자연 상태에서는 보기 어렵다.(위)
□ 어른벌레 수컷.(아래)

왕사슴벌레 *Dorcus hopei*

보통 몸을 배 쪽으로 굽히고 있다. 머리는 큰 편이
며 갈색이고, 잘 발달한 큰턱은 검다. 몸은 우윳빛
이며, 배 끝 쪽의 등에 소화물이 비친다. 비교적 건
조한 고목을 좋아하며, 애벌레 기간은 1~2년이다.

딱정벌레목 사슴벌레과

나타나는 때 1년 내내
사는 곳 숲의 썩은
　　　　　참나무류의 속
먹이 썩은 나무의 속
몸 길이 70mm

□ 어른벌레 수컷.(위)
□ 대량 사육 중인 애벌레. 자연 상태에서는 희귀종이다.(아래)

딱정벌레목 장수풍뎅이과

나타나는 때 9월~
　　　　　　이듬해 6월
사는 곳 썩은 나무나
　　　　　　부엽토 속
먹이 썩은 나무,
　　　　부엽토
몸 길이 80mm

장수풍뎅이 *Allomyrina dichotoma*

전형적인 굼벵이형 애벌레. 갈색 머리는 딱딱하고, 상아빛 몸에는 짧고 센 갈색 털이 많다. 두 번 허물을 벗고, 세 살이 되면 그 상태로 겨울을 난다. 두엄이나 썩은 낙엽 속에서 기르면 잘 살지만 자연 상태에서는 보기 어렵다.

■ 애벌레. 등으로 기어다닌다.(위)
■ 어른벌레.(아래)

풀색꽃무지 *Gametis jucunda*

굼벵이형 애벌레로, 우윳빛 몸에 짧고 센 털이 마디
마다 줄지어 있다. 대체로 깊지 않은 토양층에 살
며, 지면에 올라와서는 등으로 기어다닌다. 애벌레
로 겨울을 나고, 알이 어른벌레가 되기까지 1~2년
이 걸린다.

딱정벌레목 꽃무지과

나타나는 때 6월~
　　　　　　이듬해 3월
사는 곳 숲의 돌 밑,
　　　　　낙엽 속
먹이 썩은 나무,
　　　　부엽토
몸 길이 20mm

□ 애벌레. 다리가 없다.(위)
□ 나무껍질 틈의 번데기.(아래)

딱정벌레목 비단벌레과

나타나는 때 6월~
　　　　　　이듬해 3월
사는 곳 숲의 쓰러진
　　　　　　나무, 시골의
　　　　　　장작더미
먹이 썩은 나무
몸 길이 10mm

좀비단벌레류 *Agrillus* sp.

나무껍질 부근에 살며, 길쭉한 몸이 위아래로 납작
하다. 가슴 부분이 넓게 부풀고, 머리는 자극을 받
으면 가슴 쪽으로 움츠린다. 다리가 없기 때문에 나
무 밖에서는 움직임이 둔하다.

▫ 달팽이를 잡아먹고 사는 애벌레.(위)
▫ 어른벌레.(아래)

늦반딧불이 *Lychnuris rufa*

딱정벌레목 반딧불이과

주로 바닥을 기며, 몸은 길쭉하고 납작하다. 앞가슴은 긴 삼각형이고, 배 끝에는 발광 기관이 한 쌍 있는데, 어른벌레처럼 깜빡이지는 않는다. 몸의 각 마디 가장자리는 뒤쪽으로 톱니처럼 튀어나왔다.

나타나는 때 5~8월
사는 곳 개울 주변,
산지의 계곡가
먹이 달팽이 무리
몸 길이 30~40mm

■곤충 표본을 먹어 치우는 애벌레.(위)

딱정벌레목 수시렁이과

나타나는 때 1년 내내
사는 곳 집, 표본실,
          식량 저장 창고
먹이 건어물,
        곤충 표본
몸 길이 8mm

홍띠수시렁이 *Dermestes vorax*

몸은 연한 갈색이고, 등 쪽은 약간 짙은 갈색이다.
온몸에 긴 털이 있는데, 배 끝의 털뭉치는 특히 길
다. 건드리면 몸을 움츠리고 죽은 척한다. 조그만
구멍이나 틈을 잘 비집고 들어간다. 죽은 지 오래
된 동물을 먹는다.

□ 다 자란 애벌레.(위)
□ 어린 애벌레가 균사를
　뒤집어쓰고 있다.(왼쪽)
□ 버섯에 떼로 모인 어른벌레.(오른쪽)

털보왕버섯벌레 *Episcapha fortunii*

딱정벌레목 버섯벌레과

나타나는 때 6~8월
사는 곳 나무
먹이 구멍쟁이버섯류
몸 길이 15mm

버섯의 틈에서 기어다니는데, 온몸에 균사를 뒤집
어쓴 경우가 많다. 황색 몸에 털이 난 부분은 가시
모양으로 튀어나왔고, 검은 무늬가 있다. 배 끝에
사슴뿔 모양의 돌기가 있다. 버섯과 멀리 떨어진 나
무 틈이나 돌 밑에서 번데기가 된다. 버섯이 자라는
살아 있는 나무나 죽은 나무에 산다.

□ 애벌레. 가시가 돋았다.(위)
□ 번데기. 애벌레의 허물을 그대로
　가지고 있다.(왼쪽)
□ 어른벌레.(오른쪽)

딱정벌레목 무당벌레과

나타나는 때 5~9월
사는 곳 깍지벌레가
　　　　　많은 나무
먹이 깍지벌레류
몸 길이 8mm

홍점박이무당벌레 *Chilocorus rubidus*

몸은 타원형으로 약간 볼록하고, 온몸에 가시들이 줄지어 있다. 몸은 회색이 도는 누런색이고, 가시가 달린 곳은 암회색이다. 번데기는 애벌레의 등이 갈라지면서 허물을 그대로 둔 채 달리는데, 보기에 약간 흉측하다.

□ 포식성 애벌레.(위)
□ 바위에 붙은 번데기.(왼쪽)
□ 어른벌레.(오른쪽)

네점가슴무당벌레 *Calvia muiri*

좀형 애벌레는 무당벌레보다 몸이 약간 가늘고 매끈하며, 몸빛도 밝은 편이다. 등 쪽의 가운데와 배의 옆구리 가까이에 밝은 오렌지색 무늬들이 줄지어 있다. 나무 틈이나 가지 등을 활발히 돌아다닌다. 바위나 나무껍질에 배 끝을 붙이고 허물을 벗어 번데기가 된다.

딱정벌레목 무당벌레과

나타나는 때 5~6월
사는 곳 느티나무나
　　　　참나무류
먹이 진딧물류
몸 길이 8mm

□ 애벌레. 작은 곤충류를
　잡아먹는다.(위)
□ 번데기.(왼쪽)
□ 어른벌레.(오른쪽)

딱정벌레목 무당벌레과

나타나는 때 7~9월
사는 곳 숲 가장자리,
　　　　　 산길 주변
먹이 작은 곤충
몸 길이 14mm

남생이무당벌레 *Aiolocaria hexaspilota*

육식성 무당벌레 중 가장 큰 무리다. 몸은 선홍빛인
데, 가슴의 무늬와 배마디에 있는 원뿔형 돌기 세
쌍은 어두운 회색이다. 다른 무당벌레들이 진딧물
을 잡아먹는 것과 달리 주로 잎벌레의 애벌레를 잡
아먹는다.

■ 부지런히 진딧물을 잡아먹는 애벌레.(위)
■ 어른벌레.(아래)

칠성무당벌레 *Coccinella septempunctata*

딱정벌레목 무당벌레과

좀형 애벌레는 가슴다리로 활발히 움직인다. 남색
몸은 흰 분을 바른 것 같고, 가슴과 첫째·넷째 배
마디의 무늬는 황백색이다. 어른벌레와 애벌레가
한 곳에서 진딧물을 잡아먹는 경우가 많다. 5~9월
에 다른 개체가 여러 번 나타난다.

나타나는 때 5~9월
사는 곳 나무나 풀
먹이 진딧물
몸 길이 10mm

□ 개망초에 있는 진딧물을
  잡아먹는 애벌레.(위)
□ 번데기.(왼쪽)
□ 어른벌레. 다른 무당벌레가 낳은
  알을 먹고 있다.(오른쪽)

딱정벌레목 무당벌레과

나타나는 때 5~9월
사는 곳 나무나 풀
먹이 진딧물류
몸 길이 10mm

무당벌레 *Harmonia axyridis*

좀형 애벌레는 가슴다리로 활발히 움직인다. 몸은 검고, 첫째부터 다섯째 배마디 가장자리와 가시돌기는 황백색이다. 애벌레로 네 번 허물을 벗고, 나뭇잎이나 줄기, 바위 등에서 번데기가 된다. 애벌레끼리 잡아먹기도 한다. 5~9월에 다른 개체가 여러 번 나타난다.

홍날개 *Pseudopyrochroa rufula*

몸이 납작하고 길어서 테이프 같으며, 나무껍질 밑의 좁은 틈에 살기 알맞다. 머리는 약간 큰 타원형이고, 배 끝에는 뿔이 한 쌍 있다. 한 곳에 나이가 다른 애벌레들이 모여 살며, 움직임은 둔한 편이다.

딱정벌레목 홍날개과

나타나는 때 7월~
　　　　　　　이듬해 3월
사는 곳 나무껍질 밑
먹이 썩은 나무,
　　　작은 곤충
몸 길이 28mm

딱정벌레목 거저리과

나타나는 때 10월~
이듬해 5월
사는 곳 쓰러진 나무,
장작더미
먹이 썩은 나무,
작은 곤충
몸 길이 24mm

보라거저리 *Encyalesthus violaceipennis*

몸은 길쭉한 원통형이고, 가슴 쪽은 약간 넓다. 우윳빛 몸에 가슴 부분은 황갈색이며, 머리는 갈색이다. 건드리면 고개를 쳐들어 위협한다. 애벌레 상태로 겨울을 난다.

□ 몸이 길쭉하고 매끈한 애벌레.(위)
□ 나무 속을 파고드는 애벌레.(왼쪽)
□ 어른벌레.(오른쪽)

산맴돌이거저리 *Plesiophthalmus davidis*

전형적인 철사벌레형 애벌레로, 온몸에 기름을 칠한 듯 광택이 난다. 배 끝은 비스듬하게 잘린 꽃삽처럼 생겼다. 몸 뒤쪽으로 배설물을 쌓아 가며 부패 정도나 종류를 가리지 않고 썩은 나무를 파먹는다.

<table>
<tr><td colspan="2">딱정벌레목 거저리과</td></tr>
<tr><td>**나타나는 때**</td><td>1년 내내</td></tr>
<tr><td>**사는 곳**</td><td>쓰러진 나무,
장작더미</td></tr>
<tr><td>**먹이**</td><td>썩은 나무,
작은 곤충</td></tr>
<tr><td>**몸 길이**</td><td>30mm</td></tr>
</table>

□ 애벌레. 나무껍질 사이에 모여 있다.(위)
□ 번데기.(왼쪽 위)
□ 어른벌레.(왼쪽 아래)

딱정벌레목 거저리과

나타나는 때 4월
사는 곳 숲 가장자리
먹이 나무 틈새의
　　　각종 부식물
몸 길이 15mm

큰남색잎벌레붙이 *Cerogria janthinipennis*

검은 몸에 배마디가 뚜렷하고, 더듬이는 짧은 편이다. 온몸에 흰 털이 빽빽하다. 움직임은 빠르지 않은 편이고, 보통 번데기가 되기까지 모여 산다. 어른벌레의 딱지날개는 다른 딱정벌레들과 달리 말랑말랑하다.

□ 애벌레. 소나무 등의 줄기 속을 파먹는다.(위)
□ 어른벌레.(아래)

솔수염하늘소 *Monochamus alternatus*

길쭉한 몸이 위아래로 약간 납작한 모양이다. 앞가
슴은 넓은 타원형이고, 앞가슴등판의 앞쪽은 조금
굳어 있다. 다리가 없고, 나무 속을 파먹으며 들어
가서 뒤는 배설물로 메워 놓는다. 소나무재선충이
솔수염하늘소에 기생하는 것으로 알려져 있다.

딱정벌레목 하늘소과

나타나는 때 10월~
　　　　　　　이듬해 4월
사는 곳 쓰러진 침엽수
먹이 소나무
몸 길이 45mm

□ 애벌레. 버드나무 잎을
  먹고 산다.(위)
□ 애벌레가 방어 물질을
  내고 있다.(왼쪽)
□ 어른벌레.(오른쪽)

딱정벌레목 잎벌레과

나타나는 때 5~6월
사는 곳 버드나무
먹이 버드나무류,
　　　사시나무,
　　　황철나무
몸 길이 15mm

사시나무잎벌레(황철나무잎벌레)*Chrysomela populi*

우윳빛 몸이 큰 편이고, 배마디에 크고 검은 원뿔형
돌기들이 있다. 만지면 등에 있는 돌기에서 냄새가
고약한 분비물을 낸다. 먹이식물에서 바로 번데기
가 되며, 애벌레 기간은 2주 정도다.

□ 버드나무 잎을 먹는 애벌레.(위)
□ 어린 애벌레.(왼쪽)
□ 어른벌레.(오른쪽)

버들잎벌레 *Chrysomela vigintipunctata*

가슴다리로 잘 기어다닌다. 전체적으로 밝은 회색
이며, 가슴의 무늬와 배마디에 있는 원뿔형 돌기들
은 검은색이다. 어린 애벌레는 약간 더 어두운 색이
다. 잎에 모여 살며, 세 번 허물을 벗고 번데기가 될
때도 흔히 모여 있다.

딱정벌레목 잎벌레과

나타나는 때 5~6월
사는 곳 개울가의
　　　　　　버드나무
먹이 버드나무류
몸 길이 10mm

□ 애벌레. 보통 모여서 잎을
　먹는다.(위)
□ 애벌레들이 먹어서 잎이
　남아나지 않는 소리쟁이.(왼쪽)
□ 교미 중인 어른벌레.(오른쪽)

딱정벌레목 잎벌레과

나타나는 때 4~5월
사는 곳 개울가,
　　　경작지
먹이 소리쟁이,
　　　참소리쟁이
몸 길이 9mm

좀남색잎벌레 *Gastrophysa atrocyanea*

온몸이 검고 가슴다리가 뚜렷하며, 털이 난 자리는
돌기처럼 튀어나왔다. 자극을 받으면 배마디 옆면
에 있는 냄새샘에서 방어 물질을 뿜는다. 다 자란
애벌레는 잎을 통째로 먹지만, 어린 애벌레는 잎의
막질을 남기고 먹는다. 애벌레 기간은 보름 정도다.

□ 다 자란 애벌레가 산사나무를 먹고 있다.(위)
□ 어른벌레.(아래)

십이점박이잎벌레 *Paropsides duodecimpustulatus*

어린 애벌레는 온몸이 검고, 모여 살다가 두 살 이
후에 흩어진다. 두 살 애벌레는 어두운 회색 몸에
가장자리 쪽은 붉은빛이 돌고, 털이 난 곳은 검은
무늬가 있다. 세 살 애벌레는 온몸이 검고, 앞가슴
의 양쪽은 노란색을 띤다. 잎에 군데군데 구멍을 내
서 먹은 흔적이 지저분하다.

딱정벌레목 잎벌레과

나타나는 때 4~5월
사는 곳 숲 주변, 정원,
　　　　 과수원
먹이 아그배나무,
　　 산사나무,
　　 사과나무
몸 길이 13mm

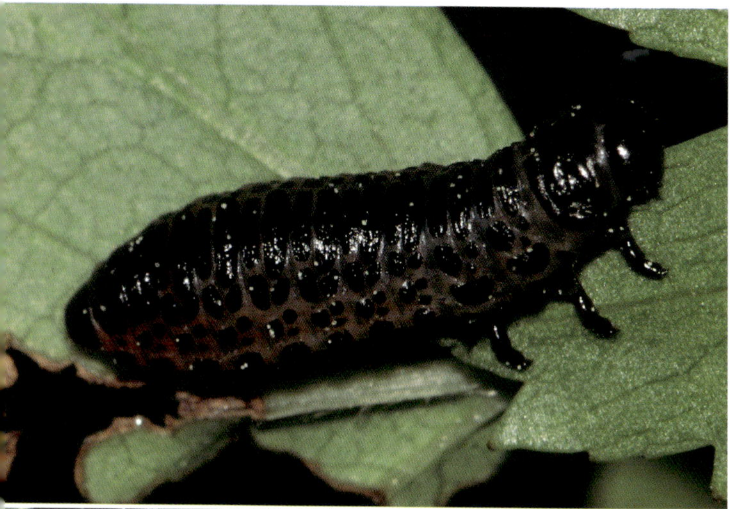

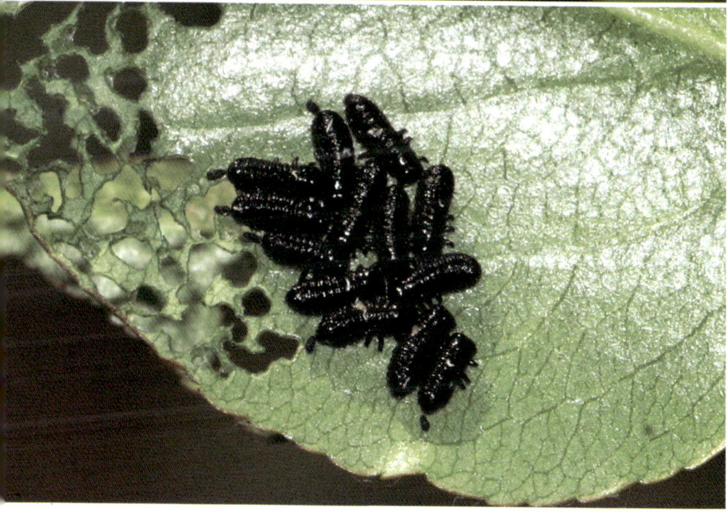

◘ 어린 애벌레.(위)
◘ 어린 애벌레들이 아그배나무의 잎을 먹고 있다.(아래)

■ 애벌레. 물오리나무 잎에
　모여 있다.(위)
■ 갓 부화한 애벌레들.(왼쪽)
■ 어른벌레.(오른쪽)

참금록색잎벌레 *Linaeidea adamsi*

무당벌레의 애벌레와 생김이 비슷한데, 몸 전체가
검다. 몸에 털이 난 부분은 솟으며, 특히 배 가장자
리에서는 뾰족하고 큰 돌기를 이룬다. 어린 애벌레
는 모여서 먹이식물의 잎을 먹고 나중에 흩어진다.
세 번 허물을 벗은 뒤 잎에 붙은 채 번데기가 된다.

딱정벌레목 잎벌레과

나타나는 때 4~5월
사는 곳 숲 속,
　　　산길 주변
먹이 물오리나무,
　　오리나무
몸 길이 10mm

□ 애벌레. 잎맥만 남기고 먹는다.(위)
□ 어른벌레.(아래)

딱정벌레목 잎벌레과

나타나는 때 5~8월
사는 곳 숲 속, 개울가,
　　　　　 야산 주변
먹이 물오리나무,
　　　 오리나무,
　　　 개암나무
몸 길이 12mm

오리나무잎벌레 *Agelastica coerulea*

몸은 누런 회색이며, 어린 애벌레는 검다. 털이 난 곳은 약간 솟으며, 온몸에 윤이 난다. 보통 여러 마리가 모여 잎을 먹는데, 잎의 막질은 남겨 두어 갈색으로 변하게 한다. 보통 한 나무에 집단으로 발생하며, 심한 경우 잎을 모조리 먹어 치우기도 한다.

■ 은방울꽃의 잎을 먹는 애벌레.

파잎벌레 *Galeruca extensa*

딱정벌레목 잎벌레과

온몸이 검고, 털이 난 부분은 솟아서 돌기가 된다. 보통 어린 애벌레일 때 모여 살다가 두세 살이 되면 흩어진다. 잎을 먹을 때 잎맥의 결을 따라 먹은 흔적을 남긴다. 자극을 받으면 몸을 둥글게 말고 땅으로 떨어진다.

나타나는 때 3~4월
사는 곳 산지의 파와
마늘밭
먹이 은방울꽃,
파, 마늘
몸 길이 15mm

□ 애벌레. 덜꿩나무 잎을 먹고 있다.(위)
□ 짝짓기 중인 어른벌레.(아래)

딱정벌레목 잎벌레과

나타나는 때 4~5월
사는 곳 숲 속,
　　　　　산길 주변
먹이 덜꿩나무,
　　　가막살나무,
　　　백당나무 등
몸 길이 10mm

참더듬이긴잎벌레 *Pyrrhalta humeralis*

몸은 누런 회색으로, 가슴과 배마디에 털이 난 부분은 검은 무늬를 이룬다. 가슴다리는 약간 짧아 보인다. 먹이식물에 애벌레 여러 마리가 붙어 갉아먹으며, 여기저기에 구멍을 만들어서 먹은 흔적을 남긴다. 애벌레 기간은 한 달 정도다.

■ 애벌레. 유해 잡초인 돼지풀을 먹는다.(위)
■ 어른벌레.(아래)

돼지풀잎벌레 *Ophraella communa*

딱정벌레목 잎벌레과

배 쪽이 약간 부푼 가슴다리형 애벌레다. 밝은 회색 몸에 털이 난 부분은 약간 솟으며, 회갈색을 띤다. 보통 다양한 나이의 애벌레와 어른벌레들이 모여서 먹이식물을 먹는다. 먹은 뒤 지저분하게 흔적을 남기는 편이며, 개체수가 많으면 식물의 잎을 모조리 먹어 치운다. 애벌레 기간은 25일 정도다.

나타나는 때 5~10월
사는 곳 빈 터, 도로변, 호수 주변
먹이 돼지풀, 단풍잎돼지풀
몸 길이 7mm

□ 미나리냉이 잎을 먹는 애벌레.(위)
□ 교미 중인 어른벌레.(아래)

딱정벌레목 잎벌레과

나타나는 때 3～5월,
9～10월
사는 곳 산골 주변,
배추와 무밭
먹이 미나리냉이,
무, 배추
몸 길이 7mm

좁은가슴잎벌레 *Phaedon brassicae*

몸은 뭉툭한 편이고, 어두운 회색에 약간 누런빛을 띤다. 몸에 털이 난 부분은 약간 솟아서 돌기가 된다. 보통 잎 하나에 모여서 먹이를 먹는데, 다양한 나이의 애벌레와 어른벌레가 동시에 보이기도 한다. 하우스에 재배하는 배추나 무의 해충이다.

□ 쑥을 먹고, 자신의 배설물을 지고 다니는 애벌레.(위)
□ 어른벌레.(아래)

청남생이잎벌레 *Cassida rubiginosa*

흑회색에 납작한 몸 가장자리를 따라 가시가 돋은
뿔 모양 돌기들이 있다. 보통 배 끝을 들고 있는데,
그 끝에 허물과 배설물을 뭉쳐 달고 다닌다. 먹이식
물의 잎을 막질만 남기고 먹는다.

딱정벌레목 잎벌레과

나타나는 때 5~7월
사는 곳 들판, 하천변
먹이 쑥, 엉겅퀴
몸 길이 6mm

□ 애벌레. 작살나무 잎을 먹으며, 배설물을 지고 다닌다.(위)
□ 어른벌레.(아래)

딱정벌레목 잎벌레과

나타나는 때 5~6월
사는 곳 숲 속, 공원
먹이 작살나무
몸 길이 7~8mm

큰남생이잎벌레 *Thlaspida biramosa*

몸은 납작한 타원형이고 배 끝은 좁은데, 보통 등 위쪽으로 구부리고 있다. 몸 가장자리를 따라 잔가시가 많은 뿔 모양 돌기들이 있다. 몸은 황백색이고, 앞가슴등판은 약간 갈색을 띤다. 배설물과 허물로 된 가면 모양의 부착물을 달고 다닌다.

□ 애벌레. 팥알 속을 파먹는다.(위)
□ 피해를 입은 붉은팥.
　어른벌레가 나온 팥에는
　둥근 구멍이 생긴다.(왼쪽)
□ 어른벌레.(오른쪽)

팥바구미 *Callosobruchus chinensis*

애벌레는 구더기 모양이지만, 앞뒤가 뭉툭하다. 온
몸이 우윳빛으로, 머리는 작은데 큰턱은 갈색이라
뚜렷이 보인다. 애벌레 기간은 약 보름으로, 애벌레
때 살던 팥알 속에서 번데기가 된다.

딱정벌레목 팥바구미과

나타나는 때 1년 내내
사는 곳 팥을 저장한
　　　　　창고
먹이 팥
몸 길이 8mm

106

□ 애벌레가 별꽃에서 나와 번데기가 될 곳을 찾고 있다.

딱정벌레목 바구미과

나타나는 때 5~6월
사는 곳 논밭 주변,
　　　　　숲 가장자리,
　　　　　빈 터
먹이 쇠별꽃, 별꽃
몸 길이 5~7mm

뚱보바구미 *Hypera basalis*

바구미류의 애벌레 중 특이하게 몸이 길쭉하고, 등은 녹색 바탕에 흰 줄무늬가 있어서 나비 무리의 애벌레로 혼동하기도 한다. 상대적으로 작은 머리는 갈색이다. 별꽃류의 꽃봉오리에서 주로 관찰된다.

□ 왕거위벌레의 요람. 밤나무나 신갈나무 잎을 말아 요람을 만든다.

거위벌레류(딱정벌레목 거위벌레과)

거위벌레류의 어른벌레는 애벌레의 먹이가 되는 식물의 잎을 말아서 요람을 만드는데, 종류별로 재료가 되는 잎의 종류와 모양이 다르다. 요람이 된 잎은 시들고 겉은 말라 결국 땅으로 떨어지는데, 그 속을 파먹던 애벌레는 다자라면 땅 속으로 들어가 번데기가 된다.

■ 오리나무 잎으로 만든 거위벌레의 요람.(위)
■ 싸리나 아까시나무 잎으로 요람을 만드는 노랑배거위벌레.(아래)

□ 애벌레가 물푸레나무 잎을 먹고 있다.

들메나무외발톱바구미 *Stereonychus thoracicus*

딱정벌레목 바구미과

나타나는 때 5월
사는 곳 숲 속
먹이 물푸레나무
몸 길이 6mm

이 무리의 바구미들은 애벌레가 분비물을 뒤집어써서 민달팽이 같은 모습인데, 물푸레나무를 먹는 것이 들메나무외발톱바구미의 특징이다. 먹은 뒤의 흔적이 지저분하다. 몸을 덮고 있는 분비물이 건조되면서 고치를 형성하고 그 속에서 번데기가 된다.

□ 납작잎벌 종류의 애벌레. 신갈나무 잎을 먹고 있다.

납작잎벌류(벌목 납작잎벌과) Pamphiliinae spp.

몸이 길쭉한 잎벌류로, 배 끝에 돌기 한 쌍이 있다. 먹이식물을 일부분 잘라 한 번 말고 그 속에서 사는데, 내부에 실을 지저분하게 쳐 놓는다. 접힌 부분을 펼치면 실과 엉킨 애벌레를 볼 수 있는데, 잘 도망가지 못하고 꿈틀댄다. 우리 나라 고유종이 많으나 애벌레에 대한 연구는 거의 이뤄지지 않았다.

□ 애벌레가 찔레 잎을
  먹고 있다.(위)
□ 어린 애벌레.(왼쪽)
□ 찔레 줄기에 알을 낳고 있는
  어른벌레 암컷.(오른쪽)

장미등에잎벌 *Arge pagana*

벌목 등에잎벌과

어린 애벌레는 머리가 흑갈색이고, 몸은 녹회색이
다. 다 자란 애벌레는 머리가 황색이고, 몸은 풀색
이며, 털받침은 검은색을 띠어 극동등에잎벌의 애
벌레와 비슷하다. 자극을 받으면 배 끝을 쳐든다.
보통 모여서 먹이식물의 굵은 맥만 남기고 줄기에
붙은 잎을 모조리 먹는다.

나타나는 때 5~10월
사는 곳 숲 속, 정원,
          공원
먹이 장미, 찔레
몸 길이 20mm

□ 애벌레들이 모여서 버드나무 잎을
　먹고 있다.(위)
□ 자극을 받고 배 끝을 쳐든
　애벌레들.(왼쪽)
□ 버드나무 잎에 암컷이 알을 낳은
　흔적.(오른쪽)

나타나는 때 6~7월
사는 곳 개울가, 공원,
　　　　　도로 주변
먹이 버드나무,
　　　수양버들
몸 길이 15mm

끝루리등에잎벌 *Arge coeruleipennis*

머리는 검고, 몸은 풀색이다. 검은 털받침은 작다.
모여서 먹이식물의 잎 끝부터 먹으며, 자극을 받으
면 배 끝을 쳐든다. 이는 몸집이 크고, 개체수가 많
으며, 위협적으로 보이려는 잎벌류 애벌레들의 공
통된 전략이다.

□ 애벌레가 산철쭉을 먹고 있다.

극동등에잎벌 *Arge similis*

벌목 등에잎벌과

몸이 길쭉하고 녹회색이다. 머리는 오렌지색이며, 눈 부분이 검다. 몸에 털이 난 부분은 검은 점처럼 보인다. 잎을 가슴다리로만 붙잡고 먹는데, 자극을 받으면 배 끝을 쳐든다. 가끔 대량으로 발생해 문제를 일으키기도 한다. 5~10월에 다른 개체가 여러 번 나타난다.

나타나는 때 5~10월
사는 곳 정원,
　　　　　　사찰 주변
먹이 산철쭉, 영산홍
몸 길이 25mm

□ 어린 애벌레.(위)
□ 잎에 알을 낳고 있는 어른벌레 암컷.(왼쪽)
□ 피해를 입은 산철쭉.(오른쪽)

■ 어린 애벌레들이 모여서 개나리 잎을 먹고 있다.(위)
■ 다 자란 애벌레 황색형.(아래)

개나리잎벌 *Apareophora forsythiae*

어린 애벌레는 온몸이 검고, 가시털이 돋아 있으며, 배 쪽만 약간 누렇다. 다 자란 애벌레는 누런 회색에 털이 난 부분은 검은 점처럼 보인다. 어린 애벌레들이 모여서 머리를 맞대고 먹이식물의 잎을 끝에서부터 먹는다.

벌목 잎벌과

나타나는 때 5~6월
사는 곳 도로변, 공원, 사찰 주변
먹이 개나리
몸 길이 15mm

□ 자극을 받은 애벌레가 몸을 둥글게 말고 있다.

벌목 잎벌과

나타나는 때 5~10월
사는 곳 들판, 하천변,
　　　　　밭 주변
먹이 소리쟁이, 수영
몸 길이 15mm

검정날개잎벌 *Allantus luctifer*

몸은 녹회색이고, 배 쪽과 머리는 황색이며, 겹눈
주변은 검다. 숨구멍을 따라 검고 큰 점이 있다. 자
극을 받으면 몸을 둥글게 말고 배 끝을 쳐든다.
5~10월에 다른 개체가 여러 번 나타난다.

ㅁ 애벌레. 왁스 성분으로 덮여 있으며, 백당나무를 먹는다.

벌목 잎벌과

현무잎벌류 *Eriocampa* sp.

머리는 황갈색, 몸은 녹회색인데, 보통 흰 분을 뒤집어쓰고 있어 색을 알아보기 어렵다. 몸에는 흰 돌기들이 삐죽삐죽 솟았다. 먹이식물의 잎을 가장자리부터 먹는다. 우리나라에 알려진 현무잎벌은 오리나무를 먹고, 백당나무를 먹는 것은 아직 알려지지 않아서 정확한 종 구별이 필요하다.

나타나는 때 6~9월
사는 곳 숲 속, 정원, 사찰 주변
먹이 백당나무
몸 길이 25mm

□ 애벌레가 개회나무를 먹고 있다.

벌목 잎벌과

나타나는 때 6~8월
사는 곳 숲 속
먹이 물봉선,
　　　개회나무 등
몸 길이 30mm

홍허리잎벌 *Siobla ferox*

머리는 황색, 몸은 옅은 갈색이다. 등에 검은 점들이 많고, 부드러운 가시 모양의 돌기들이 있다. 다 자란 애벌레에서는 이 돌기들이 사라진다. 자극을 받으면 몸을 옆으로 만다.

□ 밤나무 잎자루 부근을 부풀어오르게 하여 만든 밤나무혹벌의 벌레혹.

혹벌류(벌목 혹벌과)

식물에 혹을 만드는 벌로, 혹벌과에 속한다. 혹진딧물류의 벌레혹과 달리 출구 없이 완전히 닫힌 형태로, 종에 따라 독특한 모양을 만든다. 참나무류에 혹을 만드는 종류가 대부분이다. 엄밀히 보면 혹벌이 벌레혹을 만든다기보다는 식물 조직을 공격하는 것에 대한 식물의 보호 작용에서 비롯된 것이다.

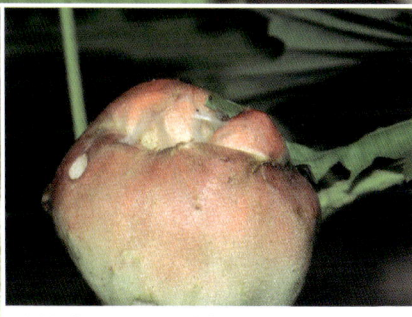

□ 사과나무혹벌의 초기 벌레혹.(위)
□ 사과나무혹벌의 벌레혹 내부에 있는 번데기들.(왼쪽)
□ 사과나무혹벌이 신갈나무에 만든 벌레혹이 사과 같다.(오른쪽)

■ 애벌레가 썩은 나무의 속을
  파먹는다.(위)
■ 번데기.(왼쪽)
■ 어른벌레.(오른쪽)

밑들이각다귀류 *Tanyptera* sp.

구더기형 애벌레로, 우윳빛을 띤다. 물 속 생활을 하
는 다른 각다귀류의 애벌레와 달리 썩은 나무 속을
먹는 특이한 무리다. 애벌레로 겨울을 나며, 겨울에
사슴벌레나 비단벌레 애벌레를 채집하기 위해 썩은
나무를 쪼개면 겨울잠 자는 모습을 볼 수 있다.

파리목 각다귀과

나타나는 때 10월~
　　　　　　　이듬해 4월
사는 곳 썩은 나무 속
먹이 썩기 시작한
　　　나무 속
몸 길이 15mm

■ 꽃등에류의 애벌레.(왼쪽)
■ 꽃등에류의 번데기.(오른쪽)
■ 검정넓적꽃등에의 애벌레가
  망초수염진딧물을 잡아먹고
  있다.(아래)

꽃등에류(파리목 꽃등에과) Syrphinae spp.

구더기형 애벌레지만, 꽃등에아과의 무리는 대부분 진딧물을 잡아먹는 육식
성이다. 종마다 몸에 독특한 무늬가 있는데, 우리 나라에서는 애벌레에 대한
연구가 거의 이뤄지지 않아 종을 구분하기 위해 사육해야 한다.

■ 쇠무릎의 줄기를 부풀게 하여 혹을 형성하는 쇠무릎혹파리(*Lasioptera achyranthii* Shinji, 국명 신칭).

혹파리류(파리목 혹파리과)

벌레혹을 형성하는 조그만 파리 무리다. 주로 혹파리과에 속하며, 많은 종류가 있는데, 제각각 혹을 형성하는 식물이 다르다. 혹파리의 벌레혹은 대체로 줄기가 부풀어 형성되어, 주로 잎에 벌레혹을 만드는 혹벌과 대략 구분할 수 있다.

□ 사철쑥에 솜털같이 형성된 극동쑥혹파리의 벌레혹.(위)
□ 버드나무의 줄기가 부풀어 형성된 수양버들혹파리의 벌레혹.(왼쪽)
□ 최근에 침입해 아까시나무에 해를 입히는 아까시잎혹파리의 벌레혹.(오른쪽)

❏ 애벌레 무리가 땅 속에 뭉쳐 있으면서 겨울을 난다.

털파리류 *Bibio* sp.

보통 얕은 땅 속에 수십 마리가 뭉쳐 있다. 애벌레의 몸은 흑갈색 계통이며, 몸에 털이 많다. 뭉쳐서 함께 꿈틀대는 모습이 매우 징그럽지만, 별다른 해를 끼치지는 않는다. 애벌레로 겨울을 난다.

파리목 털파리과

나타나는 때 3월
사는 곳 유기질이 많은 숲 바닥
먹이 부엽토
몸 길이 7mm

나비 무리
애벌레

□ 애벌레가 벚나무를 먹고 있다.(위)
□ 어른벌레.(아래)

애모무늬잎말이나방 (사과애모무늬잎말이나방)
Adoxophyes orana

머리는 황색, 몸은 풀색이다. 얼굴에는 검은 점이 있다. 잎을 말고 속을 먹으며, 일본에서는 침엽수도 먹는다고 하나, 국내에서는 활엽수에서만 발견되었다. 배나 상록활엽수 등의 두꺼운 잎을 먹는 것을 '차애모무늬잎말이나방'으로 구분하기도 한다.

나타나는 때 5~9월
사는 곳 숲, 정원,
　　　　　과수원
먹이 벚나무,
　　　복숭아나무,
　　　산갈나무 등
몸 길이 15~17mm

128

■ 어린 애벌레.(위)
■ 애벌레가 신갈나무를 먹고 있다.(아래)

나비목 잎말이나방과

나타나는 때 4~6월
사는 곳 숲, 과수원,
　　　　　정원
먹이 각종 활엽수
몸 길이 22mm

극동산잎말이나방 *Choristoneura evanidana*

몸은 어두운 회색이며, 푸른빛이 돈다. 몸에 털이
난 자리는 희고 약간 솟는다. 머리는 흑갈색, 앞가
슴등판은 옅은 갈색에 양쪽 모서리가 검다. 과수원
에 발생하는 것이 처음 관찰되었는데, 인근의 숲에
밀도가 높아지면서 과수원까지 진출한 것으로 보인
다. 야광나무, 다릅나무, 명자나무 등에 많다.

□ 애벌레가 신갈나무 잎을
　말고 있다.(위)
□ 어린 애벌레.(왼쪽)
□ 어른벌레.(오른쪽)

사과잎말이나방 *Choristoneura longicellana*

나비목 잎말이나방과

어린 애벌레는 머리와 앞가슴등판이 검고, 몸은 회색이다. 다 자란 애벌레는 머리와 앞가슴등판이 갈색이고, 몸은 밝은 연두색이며, 거의 윤이 나지 않는다. 신갈나무의 살아 있는 잎을 말지만, 꺾여 시든 잎과 함께 엮어 생활하는 경우도 흔하다. 최근까지도 사과 과수원에서 큰 피해를 입히는 종이다.

나타나는 때 5~9월
사는 곳 숲, 과수원,
　　　　　 정원
먹이 각종 활엽수
몸 길이 25mm

□ 애벌레가 잎을 말고 그 속에서
산다.(위)
□ 어린 애벌레.(왼쪽)
□ 어른벌레.(오른쪽)

나비목 잎말이나방과

나타나는 때 5~6월
사는 곳 숲, 과수원,
정원
먹이 각종 활엽수
몸 길이 20mm

사과무늬잎말이나방 *Archips breviplicanus*

머리와 앞가슴등판이 검고, 몸은 녹회색이며, 털이
난 부분은 희다. 먹이식물에서 한두 마리씩만 발견
되는 것이 보통이다. 외떡잎식물인 붓꽃 등을 먹는
것도 관찰되었다. 사과 과수원의 해충이지만, 피해
는 적은 편이다. 벗나무, 산사나무, 사시나무 등에
많다.

131

□ 애벌레가 신갈나무를 먹고 있다.(위)
□ 다 자란 애벌레.(아래)

흰꼬리잎말이나방 *Archips nigricaudanus*

사과무늬잎말이나방 애벌레와 비슷하지만, 몸에 털
이 난 부분이 검은색이라는 점이 다르다. 먹이식물
의 잎을 말고 살며, 애벌레 기간은 보름 정도다. 신
갈나무, 사과나무, 배나무 등에 많다.

나비목 잎말이나방과

나타나는 때 4~5월
사는 곳 숲, 과수원,
정원
먹이 각종 활엽수
몸 길이 20mm

□ 애벌레가 야광나무를
　먹고 있다.(위)
□ 신갈나무 잎을
　말아 놓은 모습.(왼쪽)
□ 어른벌레.(오른쪽)

나비목 잎말이나방과

나타나는 때 5~8월
사는 곳 숲, 과수원,
　　　　 정원
먹이 각종 활엽수
몸 길이 22mm

치악잎말이나방 *Pandemis corylana*

애모무늬잎말이나방 애벌레와 비슷한데, 더 크다.
몸에 털이 난 부분은 약간 희다. 같은 속에 드는 무
리끼리 구분하려면 머리와 털받침의 색깔을 세심히
관찰해야 한다. 신갈나무, 앵도나무, 신나무 등에
많다.

133

■ 다 자란 애벌레.(위)
■ 어린 애벌레.(아래)

번개무늬잎말이나방 *Archips viola*

나비목 잎말이나방과

몸은 녹회색을 띠고, 머리는 검다. 앞가슴등판이 갈색이며, 뒷모서리는 검다. 신갈나무 잎을 세로로 크게 말아 놓고 그 속을 먹는다. 과수원에 피해를 주는 경우는 거의 없다. 신갈나무, 산벚나무, 진달래 등에 많다.

나타나는 때 5~6월
사는 곳 숲, 숲 주변 공원
먹이 각종 활엽수
몸 길이 20mm

□ 신갈나무 잎을 말아 놓은 모습.(위)
□ 어른벌레.(아래)

□ 애벌레

낙타등잎말이나방 *Homonopsis foederatana*

나비목 잎말이나방과

몸은 풀빛이 도는 회색이고, 머리는 황색에 검은 무늬가 있다. 먹이식물의 잎을 말고 그 속에서 산다. 신갈나무, 사과나무, 배나무 등에 많다.

나타나는 때 4~5월
사는 곳 숲, 과수원
먹이 각종 활엽수
몸 길이 13mm

□ 애벌레가 신나무를 먹고 있다.(위)
□ 교미 중인 어른벌레.(아래)

나비목 잎말이나방과

나타나는 때 4~5월
사는 곳 숲, 과수원,
　　　　 정원
먹이 각종 활엽수
몸 길이 22mm

감나무잎말이나방 *Ptycholoma lechneana circumclusna*

머리와 앞가슴등판은 황색이고, 검은 무늬가 있다. 몸은 어두운 풀색인데, 아랫면은 밝은 연두색이다. 몸에 털이 난 부분은 연노란색이다. 먹이식물의 잎을 주로 먹으며, 신갈나무의 꽃을 엮고 있기도 한다. 과수원에서 나무를 해치기도 하나, 피해는 적다. 신갈나무, 벚나무, 신나무 등에 많다.

□ 애벌레가 굴참나무 잎을 먹고 있다.

상수리잎말이나방 *Acleris affinatana*

머리는 황색이고, 몸은 풀색이며, 앞가슴등판 가장
자리는 검다. 참나무류의 잎을 겹쳐 엮고 그 속에서
산다. 1년에 두 번 새로운 개체가 나타난다.

나타나는 때 5~6월,
　　　　　　　9월
사는 곳 숲 속
먹이 참나무류
몸 길이 15mm

□ 애벌레가 보리수나무 잎을 먹는다.

나비목 잎말이나방과

나타나는 때 5~10월
사는 곳 숲, 정원
먹이 보리수나무
몸 길이 15mm

괴불왕애기잎말이나방 *Hedya auricristana*

몸은 어두운 녹회색이며, 털이 난 부분은 희다. 머리는 살구색이나 검은 점이 있고, 앞가슴등판은 검다. 보리수나무 잎을 서너 장 겹쳐서 풍선처럼 공간을 만들고 그 속에서 생활한다. 먹이식물의 막질 부분은 남기고 먹는다. 5~10월에 새로운 개체가 여러 번 나타나며, 가끔 대량으로 발생하기도 한다.

■ 벚나무 잎을 먹고 사는
  애벌레.(위)
■ 잎을 말고 그 속에서 산다.(왼쪽)
■ 벚나무의 잎을 만 모습.(오른쪽)

귀룽큰애기잎말이나방 *Eudemis profundana*

나비목 잎말이나방과

나타나는 때 5~7월
사는 곳 숲, 산지의
        공원
먹이 벚나무, 신갈나무
몸 길이 20mm

몸은 녹회색인데, 털이 난 부분은 검고 약간 솟았다.
머리와 앞가슴등판은 밝은 갈색이다. 어린 애벌레
는 머리와 앞가슴등판이 검다. 벚나무 등의 잎을 두
세 장 둘둘 말아 그 속에서 생활한다. 과수원에도 발
생한다고 하나, 우리 나라에서는 아직 기록이 없다.

□ 애벌레가 벚나무 잎을 먹고 있다.(위)
□ 쥐똥나무의 잎을 말아 놓은 모습.(아래)

나비목 잎말이나방과

나타나는 때 4~8월
사는 곳 숲, 공원,
　　　　　과수원, 정원
먹이 각종 활엽수
몸 길이 10mm

매실애기잎말이나방 *Rhopobota unipunctana*

회색이나 황회색 몸에 윤기가 나고, 머리와 앞가슴 등판은 검다. 먹이식물의 잎을 일부 엮거나, 작은 잎들을 모아 엮고 그 속에서 생활한다. 공원 등의 쥐똥나무 가지 끝 쪽 잎들을 뭉쳐서 피해를 입힌다. 4~8월에 새로운 개체가 여러 번 나타난다. 쥐똥나무, 벚나무, 사과나무에 많다.

□ 애벌레가 주머니 집 속에 살고 있다.

남방차주머니나방 *Eumeta japonica*

나비목 주머니나방과

어린 애벌레 때부터 집을 만들며, 이동할 때도 집을 지고 다닌다. 집 바깥쪽에 잎 조각을 붙이는 경향이 있다. 자극을 받으면 집 안으로 들어가 몸을 움츠리고 꼼짝 않는다. 암컷은 날개돋이 후에도 애벌레와 같은 모양이다. 주머니 집 속에서 번데기가 되는데, 이 때 몸을 반대로 돌린다.

나타나는 때 8~9월
사는 곳 남쪽 지방의 가로수, 공원
먹이 각종 나무
몸 길이 35mm

□ 애벌레가 주머니 집 속에 살고 있다.(위)
□ 주머니 집 속에서 번데기가 된다. 노란 것은 번데기에서 날개돋이 한 암컷이다.(왼쪽)
□ 애벌레의 주머니 집.(오른쪽)

나비목 주머니나방과

나타나는 때 6~7월
사는 곳 가로수길, 밭 공원, 정원
먹이 각종 풀과 나무
몸 길이 25mm

검정주머니나방 *Mahasena aurea*

몸은 흑갈색이나 남방차주머니나방보다 밝다. 머리와 가슴은 회갈색에 흑갈색 무늬가 있다. 주머니 집은 나뭇가지보다 잎을 대어 만들기 때문에 대체로 퍼진 느낌이 강하다. 가로수로 심어 놓은 은행나무에 대량으로 발생해 문제를 일으킨 적이 있다.

143

□ 애벌레가 주머니 집 속에서 지낸다.(위)
□ 애벌레의 도롱이 집.(아래)

유리주머니나방 *Acanthopsyche nigraplaga*

남방차주머니나방과 비슷하지만, 몸이 더 가늘다. 주머니 집도 둘레가 가는 편인데, 나무 조각들을 세로로 대어 놓는 습성이 있다. 주머니 집은 뒤쪽으로 가늘고 길게 이어진다. 풀과 나무 가리지 않고 잘 먹으며, 산지의 콩밭에서 대량으로 발생해 피해를 주는 경우도 있다.

나비목 주머니나방과

나타나는 때 5~9월
사는 곳 숲, 과수원, 밭, 가로수, 공원
먹이 각종 나무, 밭작물
몸 길이 20mm

□ 애벌레가 죽은 나무껍질 밑에 산다.(위)
□ 어린 애벌레.(아래)

나비목 좀나방과

나타나는 때 9월~
　　　　　　이듬해 4월
사는 곳 고사목,
　　　　　장작 더미
먹이 썩은 나무
몸 길이 14mm

껍질좀나방 *Hapsifera barbata*

몸은 밝은 회색 몸에 털이 난 부분은 연한 갈색을
띠며, 약간 솟았다. 머리와 앞가슴등판은 갈색이다.
죽은 나무껍질 밑에서 실과 배설물들을 엮어 터널
같은 집을 만들고 그 속에서 산다. 애벌레 상태로
겨울을 난다.

□ 붉나무 잎에 굴을 판 붉나무가는나방의 애벌레.

굴나방류(나비목 가는나방과)

가는나방과와 굴나방과의 매우 작은 나방류로, 애벌레들은 먹이식물의 잎 조직 사이에 굴을 파고 산다. 애벌레의 몸은 납작하고 머리가 큰 편이며, 큰 턱이 식물의 즙을 먹는 형태로 변형되었다. 먹이식물과 애벌레의 관계가 독특하고, 굴을 만드는 모습도 특징이 있어서 분류하는 데 참고가 된다.

□ 청미래덩굴의 잎에 동전 모양의 굴을 파는 청미래덩굴굴나방.(위)
□ 참피나무를 먹는 굴나방류의 애벌레.(왼쪽)
□ 노박덩굴의 잎에 굴을 파는 노박덩굴굴나방의 애벌레.(오른쪽)

□ 애벌레가 신갈나무를 먹는다.(위)
□ 애벌레 옆모습.(아래)

갈색줄무늬좀나방 *Ypsolopha parenthesellus*

나비목 좀나방과

나타나는 때 4~5월
사는 곳 숲
먹이 신갈나무
몸 길이 15mm

몸은 가는 편으로, 양 끝이 더 좁다. 머리는 황색이고, 몸의 윗면에 흰 줄무늬들이 있으며, 그 사이의 털받침들은 검은 점 같다. 먹이식물의 잎을 일부 구부려 터널같이 엮은 뒤 그 속에서 생활한다. 움직임이 빠르고, 집에서 나온 애벌레를 건드리면 온몸으로 요동친다.

□ 애벌레들이 꿩의비름에 모여 산다.

나비목 집나방과

나타나는 때 6~7월
사는 곳 산지의
　　　　　　암석 지대 주변
먹이 꿩의비름
몸 길이 17mm

꿩비름집나방 *Yponomeuta vigintipunctatus*

몸은 황회색, 머리는 황색이다. 앞가슴등판에 큰 점
이 두 개 있고, 몸의 가운데 양 옆으로 털받침을 이
루는 검은 점이 줄지어 있는데, 배 쪽의 것은 쌍을
이룬다. 먹이식물의 꽃봉오리와 잎 사이에 실을 거
미줄처럼 엮고 모여 산다.

ㅁ 애벌레가 노박덩굴을 먹고 있다.

참회나무집나방 *Yponomeuta solitariellus*

몸이 길쭉한 편이다. 머리와 앞가슴등판은 검고, 몸
은 밝은 황회색이다. 윗면을 따라 검은 털받침 무늬
가 가슴에 한 쌍, 배에 두 쌍 있다. 여러 마리가 거
미줄 같은 집을 짓고 함께 살며, 번데기도 집단으로
된다. 배설물은 집에 걸어 둔다.

나비목 집나방과

나타나는 때 5~6월
사는 곳 숲
먹이 참회나무,
　　　노박덩굴
몸 길이 20mm

나비목 집나방과

나타나는 때 5~9월
사는 곳 숲 속,
　　　시골 마을 주변
먹이 노박덩굴,
　　　회잎나무
몸 길이 18mm

노박덩굴집나방 *Xyrosaris lichneuta*

머리는 연한 갈색, 몸은 녹색이 도는 회색인데, 윗면 좌우로 갈색 줄무늬가 있다. 먹이식물의 잎 사이에 실을 엮어 집을 만들고 그 속에서 산다. 집 하나에 애벌레 여러 마리가 모여 사는 경우가 보통이다. 5~9월에 새로운 개체가 여러 번 나타난다.

ㅁ 애벌레. 벚나무 줄기의
껍질 틈에 산다.(위)
ㅁ 벚나무 밑동에 있는 애벌레의
흔적.(왼쪽)
ㅁ 어른벌레.(오른쪽)

복숭아유리나방 *Synanthedon bicingulata*

황회색 몸이 원통형이며, 머리는 갈색이다. 벚나무
줄기 속을 먹으며, 대체로 나무껍질과 가까운 곳에
산다. 굴 바깥쪽으로 배설물을 내놓는데, 수액이 흘
러나와 엉겨 있는 경우가 많다. 굴 밖에서는 잘 움
직이지 못한다. 애벌레 상태로 겨울을 난다.

나비목 유리나방과

나타나는 때 10월~
                이듬해 7월
사는 곳 숲, 공원,
            과수원,
먹이 벚나무,
        복숭아나무(줄기)
몸 길이 20mm

□ 애벌레가 자귀나무 잎을 엮고 그 속에서 산다.

나비목 집나방붙이과(신칭)

나타나는 때 6~10월
사는 곳 산지와 가까운
　　　　　공원, 정원
먹이 자귀나무
몸 길이 10mm

자귀집나방붙이(개칭, 자귀뭉뚝날개나방)
Homadaula anisocentra

몸이 가는 편이며, 양 끝은 더욱 가늘다. 머리는 갈색에 검은 무늬가 있다. 가슴과 배는 윗면이 흑갈색, 아랫면은 밝은 회색이며, 가운데와 그 양쪽을 따라 황백색 줄무늬가 있다. 자귀나무의 작은 잎들을 엮어 터널 같은 집을 만들고 그 속에서 산다. 보통 한 나무에 집단으로 발생한다.

153

□ 애벌레가 꾸지나무 잎을 먹고 있다.

황물결뭉뚝날개나방(신칭) *Choreutis hyligenes*

머리는 황색이고, 몸은 밝은 회록색이며, 털이 난 자리는 크고 검은 점을 이룬다. 먹이식물의 잎을 실로 엮어 터널을 만들고 그 속에서 생활한다.

나비목 뭉뚝날개나방과

나타나는 때 5월
사는 곳 숲 가장자리,
시골 마을 주변
먹이 꾸지나무, 뽕나무
몸 길이 13mm

□ 다 자란 애벌레가 깨풀 잎을 먹고 있다.(위)
□ 느티나무 잎에 집을 만든 애벌레.(아래)

나비목 원뿔나방과

나타나는 때 5~8월
사는 곳 숲, 정원, 과수원
먹이 각종 풀과 나무
몸 길이 10mm

우묵날개원뿔나방 *Acria ceramitis*

가느다란 몸은 연노란색이고, 머리는 살구색이다. 몸의 윗면에 세로로 넓은 황백색 띠가 있다. 먹이식물의 잎 일부를 실로 엮어 주름 지게 하여 터널같이 만들고 그 속에서 생활한다. 애벌레 기간은 10일 정도다. 신갈나무, 감나무, 소리쟁이 등에 많다.

□ 애벌레가 제 몸보다 큰 집을 지고 다닌다.

참나무통나방 *Coleophora melanographa*

나비목 통나방과

나타나는 때 5월
사는 곳 숲
먹이 신갈나무,
　　 떡갈나무
몸 길이 10mm

애벌레는 어두운 회색을 띠는데, 신갈나무의 부스러기 등을 엮어 모양이 특이한 집을 만든다. 집 밖으로 나오는 일은 거의 없으며, 집과 함께 이동한다. 자극을 받으면 집 안으로 들어가 몸을 움츠리고 움직이지 않는다.

□ 애벌레가 명아주 잎을 먹는다.(왼쪽)
□ 애벌레가 피해를 입힌 명아주.(위)
□ 어른벌레.(아래)

나비목 애기비단나방과

나타나는 때 6~10월
사는 곳 들판, 공원,
　　　　　논밭 주변
먹이 명아주,
　　　붉은명아주
몸 길이 12mm

두점애기비단나방 *Scythris sinensis*

몸은 가늘고 갈색이나 갈색이 도는 풀색이다. 윗면 가운데와 양 옆을 따라 진한 갈색 줄무늬가 있다. 머리에는 갈색 무늬가 있고, 앞가슴등판에는 검은 점이 두 개 있다. 명아주 끝 쪽 잎들을 뭉쳐서 거미 줄처럼 엮고 그 속에서 여러 마리가 모여 산다. 6~10월에 새로운 개체가 여러 번 나타난다.

□ 애벌레가 말발도리 잎을 먹고 있다.(위)
□ 애벌레가 말발도리 잎을 만 모습.(아래)

흰띠뿔나방 *Anacampsis solemnella*

나비목 뿔나방과

몸은 회색이고, 머리는 황갈색이다. 털받침은 검고, 앞가슴등판은 흑갈색이다. 말발도리의 가지 끝 잎들을 뭉쳐서 엮고 그 속에서 산다.

나타나는 때 5월
사는 곳 산지의 암석 지대, 숲 주변 정원
먹이 말발도리, 바위말발도리
몸 길이 15mm

□ 애벌레가 여뀌 잎을 먹고 있다.

나비목 뿔나방과

나타나는 때 5~6월
사는 곳 들판, 경작지
　　　　　주변
먹이 여뀌류
몸 길이 10mm

마디풀뿔나방 *Caryocolum junctellua*

몸은 검붉은색인데, 털이 자라는 부분은 회색으로 띠 무늬를 이루며, 앞가슴등판은 검다. 여뀌, 큰개여뀌 등 여뀌류의 잎 뒷면 가장자리를 한 번 접고 터널처럼 만든 뒤 그 속에서 살며, 잎의 막질은 남기고 먹는다. 저지대에 있는 계곡 근처의 들판과 경작지 주변에 산다.

159

□ 애벌레가 신갈나무 잎을 접고 그 속에서 산다.(위)
□ 애벌레가 만들어 놓은 집. 구멍이 숭숭 나 있다.(아래)

참나무수염뿔나방 *Faristenia quercivora*

약간 짤막한 모양이고, 머리와 몸은 우윳빛이다. 신갈나무의 잎 일부를 접어 풍선처럼 만들고 그 속에서 산다. 집의 말린 잎 부분에는 구멍을 여러 개 내어 놓는다.

나비목 뿔나방과

나타나는 때 5~6월
사는 곳 참나무숲
먹이 신갈나무,
　　떡갈나무
몸 길이 12mm

□ 애벌레가 신나무 잎을 먹고 있다.

나비목 뿔나방과

나타나는 때 5월
사는 곳 숲 속,
　　　　　계곡 주변
먹이 신나무
몸 길이 15mm

단풍수염뿔나방 *Faristenia acerella*

밝은 풀색 몸에서 윤이 나고, 머리는 흑갈색이며,
앞가슴등판은 검다. 먹이식물의 잎을 말고 그 속에
서 산다.

□ 애벌레가 고구마 잎을 접고 그 속에서 산다.

고구마뿔나방 *Helcystogramma triannulella*

나비목 뿔나방과

몸이 가늘며, 양 끝은 더욱 가늘다. 머리는 검고, 몸은 희다. 가슴과 배의 앞쪽은 검붉은색을 띠고, 배에는 윗면 양쪽으로 검붉은색 줄무늬가 있다. 고구마 잎을 한 번 접고 그 틈에서 살며, 잎맥을 남기고 먹는다. 4~9월에 새로운 개체가 여러 번 나타난다.

나타나는 때 4~9월
사는 곳 고구마 경작지
먹이 고구마
몸 길이 15mm

□ 복숭아 잎을 먹고 사는 애벌레.

나비목 뿔나방과

나타나는 때 5~6월
사는 곳 숲, 과수원,
　　　　 시골 마을 주변
먹이 장미과 식물
몸 길이 17mm

갈색뿔나방 *Dichomeris heriguronis*

머리와 앞가슴등판은 검고, 몸은 백록색이며, 털이 난 자리는 검은 점을 이룬다. 먹이식물의 일부를 'U'자 형으로 엮고 그 속에서 산다. 복숭아나무, 산벚나무 등 장미과 식물에 많다.

□ 애벌레가 느릅나무 잎을 먹고 있다.(위)
□ 애벌레 옆모습.(아래)

은날개남방뿔나방 *Scythropiodes approximans*

나비목 남방뿔나방과

보라색 몸에 머리는 검다. 앞가슴은 황색이며, 털받침은 회색 띠를 이룬다. 먹이식물의 잎을 반 접고 풍선처럼 만들어 그 속에서 사는데, 물푸레나무 싹 부근의 어린잎을 엮는 것도 관찰되었다. 상수리나무, 복장나무, 살구나무 등 각종 활엽수를 먹는다.

나타나는 때 5월
사는 곳 숲, 과수원
먹이 각종 활엽수
몸 길이 15mm

□ 애벌레가 비름을 먹고 있다.(위)
□ 어른벌레.(아래)

나비목 포충나방과

나타나는 때 5월, 8월
사는 곳 정원,
　　　　경작지 주변
먹이 비름, 맨드라미,
　　　시금치 등
몸 길이 15mm

흰띠명나방 *Hymenia recurvalis*

몸이 가는 편이고, 전체적으로 윤기가 있다. 머리는 살구색, 몸은 풀색이다. 가슴에는 양쪽으로 검은 점이 있고, 배의 위쪽 가운데 양 옆으로 흰 줄이 있다. 비름 잎 뒤에 실을 엮고 그 속에서 산다. 맨드라미의 꽃을 먹기도 하는데, 이 때 애벌레의 몸은 붉은 기가 도는 황색이다.

165

□ 애벌레가 작살나무 잎을
  먹고 있다.(위)
□ 애벌레.(왼쪽)
□ 어른벌레.(오른쪽)

몸긴네줄들명나방 *Pagyda quadrilineata*

나비목 포충나방과

풀색 몸에 윗면은 전체적으로 희고, 가장자리는 노
란색이다. 머리는 살구색이며, 털받침은 검다. 잎과
가지 사이에 실로 집을 만들고 살며, 어린 애벌레는
무리지어 생활한다.

나타나는 때 6~8월
사는 곳 숲 속, 공원
먹이 작살나무
몸 길이 20mm

□ 애벌레가 담쟁이덩굴 잎을 먹는다.

나비목 포충나방과

나타나는 때 5~8월
사는 곳 포도 경작지,
　　　　　 정원, 숲
먹이 담쟁이덩굴, 포도
몸 길이 20mm

포도들명나방 *Herpetogramma luctuosalis*

황회색 몸에 전체적으로 윤기가 나고, 머리는 누런색이다. 먹이식물의 잎을 엮거나 크게 말고 그 속에서 산다.

■ 애벌레가 피마자 잎을
  먹고 있다.(위)
■ 피해를 입은 피마자.(왼쪽)
■ 어른벌레.(오른쪽)

목화명나방 *Haritalodes derogata*

녹색 몸에 광택이 있고, 머리와 앞가슴등판은 검다. 먹이식물의 잎을 크게 말고 그 속에서 산다. 번데기가 될 무렵 애벌레의 몸이 약간 붉게 변한다.

나비목 포충나방과

나타나는 때 7~9월
사는 곳 정원, 사찰,
           경작지 주변
먹이 피마자, 무궁화,
        목화 등
몸 길이 22mm

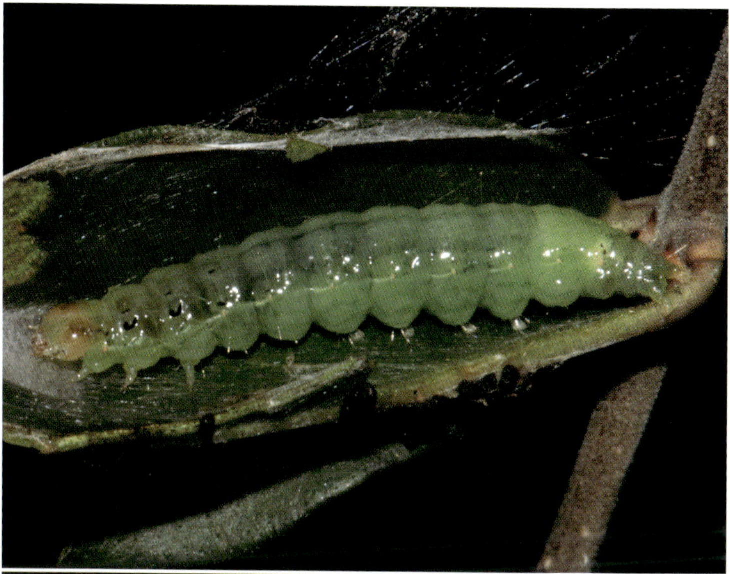

□ 다 자란 애벌레가
쥐똥나무를 먹고
있다.(위)
□ 어린 애벌레.(왼쪽)
□ 어른벌레.(오른쪽)

나타나는 때 9~10월
사는 곳 숲, 사찰,
임도 주변
먹이 쥐똥나무,
물푸레나무
몸 길이 17~20mm

수수꽃다리명나방 *Palpita nigropunctalis*

풀색 몸에 전체적으로 윤기가 나고, 머리는 황갈색
이다. 가슴 양쪽으로 점이 두 개 있다. 쥐똥나무의
잎과 가지에 실을 엮고 그 속에서 산다. 제주도 한
라산의 임도 주변에서 대량으로 발생한 경우도 관
찰되었다.

□ 애벌레. 정원의 회양목에서 쉽게 볼 수 있다.(위)
□ 어른벌레.(아래)

회양목명나방 *Glyphodes perspectalis*

머리에 점이 많아 검은색으로 보인다. 몸은 풀색인
데 털받침이 검고, 이 부분을 따라 짙은 녹색 줄무
늬가 있다. 몸에 광택이 많은 편이다. 회양목 가지
들을 실로 엮어 큰 집을 만들고 그 속에서 산다.

나비목 포충나방과

나타나는 때 5~8월
사는 곳 공원, 정원,
　　　　　　사찰
먹이 회양목
몸 길이 35mm

□ 박주가리 잎을 먹고 사는 애벌레.(위)
□ 애벌레가 박주가리 잎을 만 모습.(아래)

나비목 포충나방과

나타나는 때 7~8월
사는 곳 정원,
　　　　　경작지 주변
먹이 박주가리
몸 길이 20mm

큰각시들명나방 *Glyphodes quadrimaculalis*

몸은 밝은 풀색이고, 머리는 황색이며, 가슴 양쪽의
털받침은 검다. 박주가리의 잎을 통처럼 말고 그 속
에서 산다.

□ 어른벌레.(위)
□ 애벌레가 뽕나무 잎을 엮고 그 속에서 산다.(아래)

닥나무들명나방 *Glyphodes pryeri*

전체적으로 광택이 강한 몸은 백록색이고, 머리는
연한 살구색이다. 가슴과 첫째 배마디 양쪽으로 검
은 점 들이 줄지어 있다. 먹이식물의 잎맥 사이를
실로 주름 지게 엮고 그 속에서 산다. 5~9월에 새로
운 개체가 여러 번 나타난다.

나비목 포충나방과

나타나는 때 5~9월
사는 곳 숲 속,
　　　　　시골 마을 주변,
　　　　　뽕나무 경작지
먹이 뽕나무
몸 길이 15mm

□ 애벌레가 뽕나무 잎을 먹고 있다.

나비목 포충나방과

나타나는 때 5~9월
사는 곳 숲 속,
　　　　　시골 마을 주변,
　　　　　뽕나무 경작지
먹이 뽕나무
몸 길이 15mm

띠무늬들명나방 *Glyphodes duplicalia*

풀색 몸에 광택이 나고, 머리는 황색이다. 털받침은 검은데, 이를 연결하는 흰 무늬가 띠를 이룬다. 뽕나무류의 잎 뒷면을 실로 주름 지게 엮고 그 속에서 산다. 5~9월에 새로운 개체가 여러 번 나타난다.

□ 애벌레가 박과 식물의 잎을 먹는다.(위)
□ 어른벌레.(아래)

목화바둑명나방 *Diaphania indica*

머리는 황색, 몸은 백록색이다. 몸의 윗면 양쪽으로
흰 줄이 선명하다. 먹이식물의 잎을 크게 말고 그
속에서 산다. 목화나 박과 식물의 해충이다.

나비목 포충나방과

나타나는 때 8~9월
사는 곳 정원,
　　　경작지 주변
먹이 조롱박, 목화,
　　　무궁화
몸 길이 20mm

□ 애벌레가 대나무 잎을 먹는다.

나타나는 때 7~9월
사는 곳 대나무 숲
먹이 대나무류
몸 길이 20mm

줄허리들명나방 *Sinibotys evenoralis*

밝은 풀색 몸에 광택이 있고, 머리는 갈색이며, 가슴 가장자리의 털받침은 흑갈색을 띤다. 벼과 식물의 잎 하나를 세로로 둥글게 맞대어 터널처럼 만들고 그 속에서 산다. 배설물은 집 안에 쌓아 놓는다.

□ 애벌레가 배설물과 식물 부스러기를 집에 붙여 놓았다.(위)
□ 애벌레가 만든 집.(왼쪽)
□ 어른벌레.(오른쪽)

콩명나방 *Maruca vitrata*

몸이 약간 굵은 편이다. 몸은 회황색, 머리는 황갈색, 털받침은 연한 갈색을 띤다. 주로 먹이식물의 꽃 부근에 살고, 배설물들을 함께 엮어 방을 만들며, 꽃이나 주변의 잎을 먹는다. 이 방에서 번데기가 된다.

나비목 포충나방과

나타나는 때 6~9월
사는 곳 콩이나 팥 경작지, 저지대의 풀밭
먹이 고삼, 팥, 콩
몸 길이 20mm

□ 애벌레들이 독활 잎을 먹고 있다.

나비목 포충나방과

나타나는 때 6~7월
사는 곳 숲 속,
　　　　시골 마을 주변
먹이 두릅나무, 독활
몸 길이 20mm

애물결들명나방 *Udonomeiga vicinalis*

머리는 황색, 몸은 백록색이며, 광택이 있다. 가슴과 배마디 가장자리마다 검은 점이 있고, 윗면 가운데 양쪽을 따라 흰 줄이 두 개 있다. 먹이식물의 잎뒷면과 줄기 사이에 실로 엮어 집을 짓고, 여러 마리가 모여 산다.

ㅁ 애벌레가 복자기 잎을 먹는다.

흰얼룩들명나방 *Pseudebulea fentoni*

나비목 포충나방과

머리는 황색, 몸은 녹회색이며, 전체적으로 윤기가
난다. 앞가슴에는 큰 점이 한 쌍 있다. 먹이식물의
잎을 성기게 말고 그 속에서 생활한다.

나타나는 때 8월
사는 곳 숲 속
먹이 복자기
몸 길이 20mm

□ 다 자란 애벌레가 느릅나무 잎을 먹는다.(위)
□ 어린 애벌레.(아래)

나비목 포충나방과

나타나는 때 7월
사는 곳 숲 속
먹이 느릅나무
몸 길이 20mm

구름무늬들명나방 *Pycnarmon tylostegalis*

어린 애벌레의 머리는 살구색, 몸은 연한 풀색이며, 앞가슴에는 검은 점이 한 쌍 있다. 다 자란 애벌레는 몸의 윗면이 자갈색으로 변하고, 전체적으로 윤기가 난다. 먹이식물의 잎을 성기게 말고 그 속에서 산다.

□ 애벌레. 물 위에 뜬 노랑어리연꽃 잎에 산다.(위)
□ 애벌레가 잎을 잘라 붙여 만든 집.(아래)

연물명나방 *Elophila interruptalis*

약간 뭉툭한 모양으로, 머리는 살구색, 몸은 연노란
색이다. 어린 애벌레는 몸빛이 약간 더 어둡다. 노
랑어리연꽃의 잎 일부를 잘라 붙여 주머니 모양의
집을 만든다. 4~10월에 새로운 개체가 여러 번 나
타난다.

나비목 포충나방과

나타나는 때 4~10월
사는 곳 연못
먹이 노랑어리연꽃
몸 길이 13mm

□ 애벌레가 신갈나무 잎을 먹고 있다.

나비목 명나방과

나타나는 때 5월
사는 곳 숲 속
먹이 신갈나무, 싸리,
　　　상수리나무
몸 길이 25mm

왕빗수염줄명나방 *Sacada fasciata*

전체적인 모습은 비단명나방류보다 집명나방류의 애벌레를 닮았다. 머리는 검고, 몸은 검은 무늬가 어우러진 회색이며, 옆구리와 등 쪽 가운데 노란 줄무늬가 있다. 먹이식물의 잎 윗면에 텐트 같은 집을 짓거나, 가지와 잎을 엮어 집을 만들고 그 속에서 산다.

181

□ 애벌레. 돌 밑에서 주로 발견된다.

굵은띠비단명나방 *Arippara indicator*

머리와 몸은 전체적으로 검은빛을 띤다. 주로 돌 밑에서 발견되는데, 아래의 잡풀들과 썩은 잎 등 부식질 사이로 터널 같은 집을 만들고 생활한다. 돌 밑에서 애벌레 상태로 겨울을 나는 것으로 생각된다.

나비목 명나방과

나타나는 때 10월~
　　　　　　　이듬해 5월
사는 곳 숲 속, 들판,
　　　　　밭 주변
먹이 낙엽, 부식질
몸 길이 17mm

□ 애벌레가 먹을 것을 찾아 다른 붉나무로
이동하고 있다.(위)
□ 애벌레에게 피해를 입은 붉나무.(왼쪽)
□ 어른벌레.(오른쪽)

나비목 명나방과

나타나는 때 8~9월
사는 곳 숲 속,
　　　　　산길 주변
먹이 붉나무
몸 길이 30mm

벼슬집명나방 *Locastra muscosalis*

머리와 몸이 검고, 윗면을 따라 누런 줄이 있으며,
가장자리에도 흰 점들이 많다. 붉나무의 잎과 가지
들을 실로 엮어 크게 집을 만들며, 여럿이 모여 산
다. 때로는 대량으로 발생하여 잎을 모조리 먹어 치
우는데, 이런 경우 줄기를 오가며 이동하는 모습을
자주 볼 수 있다.

□ 다 자란 애벌레가 잎에 집을
만들고 그 속에서 산다.(위)
□ 어린 애벌레.(왼쪽)
□ 어린 애벌레가 신갈나무
잎을 엮은 모습.(오른쪽)

검스레집명나방 *Termioptycha inimica*

어린 애벌레는 밝은 연두색 몸에, 양쪽으로 보라색
줄무늬가 있다. 다 자란 애벌레는 짙은 녹색 몸에
검은 세로줄이 여러 개 있으며, 가장자리를 따라 누
런 줄무늬가 있다. 먹이식물의 잎 윗면을 세로로 약
간 구부리고, 가로질러 실로 엮어 방을 만든다.

나비목 명나방과

나타나는 때 5~7월
사는 곳 숲 속
먹이 신갈나무,
　　　때죽나무
몸 길이 27mm

□ 붉나무 잎을 먹고 사는 애벌레.

나비목 명나방과

나타나는 때 5월
사는 곳 숲 속
먹이 붉나무
몸 길이 25mm

흰무늬집명나방붙이 *Termioptycha nigrescens*

생김새와 습성이 검스레집명나방의 애벌레와 비슷하다. 몸의 줄무늬가 보다 굵고, 가장자리의 무늬가 흰 것이 다르다.

■ 애벌레. 신갈나무 잎에 집을 만들고 그 속에서 산다.

갈색집명나방 *Orthaga achatina*

나비목 명나방과

머리와 몸은 갈색이 도는 회백색이며, 머리에는 검은 점이 있고, 몸에는 흑갈색 세로줄이 있다. 털받침은 검으나 그 주변은 회백색이다. 먹이식물의 잎과 가지에 실로 엮어 집을 만들고 그 속에 모여 산다. 애벌레가 커 가면서 집도 점점 커지는데, 나중에는 배설물과 마른 잎이 엉켜 지저분해진다.

나타나는 때 8~9월
사는 곳 숲 속
먹이 참나무류
몸 길이 20mm

□ 애벌레가 비목나무 잎에 집을 만들고 산다.

나타나는 때 8~9월
사는 곳 숲 속,
　　　　　　바닷가 공원
먹이 생강나무, 녹나무,
　　　비목나무
몸 길이 20mm

녹색집명나방 *Trichotophysa jucundalis*

머리는 갈색, 몸은 흑갈색이고, 윗면을 따라 황갈색 띠무늬가 있다. 먹이식물의 잎과 가지를 실로 엮어 집을 크게 만들고 그 속에 모여 산다. 집은 배설물과 함께 엮어 지저분한 편이다.

187

□ 애벌레가 밤나무 잎을 먹고 있다.(위)
□ 어른벌레.(아래)

푸른빛집명나방 *Teliphasa elegans*

나비목 명나방과

누런 머리에 검은 점이 있고, 몸은 황백색이다. 등에 있는 오렌지색 줄무늬 가장자리에 검은 점들이 늘어서 있고, 그 바깥쪽으로는 검은 세로줄이 많다. 잎 윗면에 집을 만드는데, 가장자리를 실로 엮어 'U'자 형으로 구부린 다음 그 속에 산다. 자극을 받으면 집에서 뛰쳐나온다.

나타나는 때 7~8월
사는 곳 숲 속
먹이 밤나무, 산딸기
몸 길이 30mm

□ 애벌레가 개암나무 잎을 먹고 있다.

나비목 명나방과

나타나는 때 8~9월
사는 곳 숲 속
먹이 개암나무
몸 길이 10mm

타이형집명나방 *Streicta kogii*

머리는 갈색이고, ·몸은 녹회색을 띤다. 몸에 갈색이 도는 녹색 세로줄이 있다. 먹이식물의 잎을 겹쳐 놓고 실로 엮어 작은 집을 만든다. 잎을 먹을 때 지저 분하게 부스러기를 남긴다.

189

□ 애벌레가 산딸기 잎을 먹고 있다.(위)
□ 애벌레가 장미에 만든 집.(아래)

통마디알락명나방 *Calguia defiguralis*

머리와 몸은 회갈색인데, 배 쪽이 좀더 밝다. 머리에는 흑갈색 점이 있고, 몸에는 흑갈색 세로줄이있다. 먹이식물의 가지와 잎자루 주변, 혹은 꽃을실로 엮어 터널 같은 집을 만들고 그 속에서 산다. 화훼 해충으로 알려져 있으며, 7~9월에 새로운 개체가 두 번 나타난다.

나비목 명나방과

나타나는 때 7~9월
사는 곳 숲 속, 정원,
　　　　　산지의 밭,
　　　　　과수원
먹이 장미, 산딸기,
　　　사과나무, 작약 등
몸 길이 15mm

□ 애벌레가 벚나무 잎을 먹고 있다.(위)
□ 애벌레가 야광나무에 만든 집.(아래)

나비목 명나방과

나타나는 때 4~5월
사는 곳 숲 속
먹이 야광나무,
　　　산벚나무
몸 길이 10mm

흰띠알락명나방 *Acrobasis obrutella*

느티나무알락명나방의 애벌레와 비슷하게 생겼다. 머리는 갈색이고, 몸은 흑갈색을 띤다. 먹이식물의 잎자루 부근에 실과 배설물로 엮어 터널 같은 집을 짓는데, 잎자루에 붙어 있어 잘 보이지 않는다. 주로 밤에 나와 주변의 잎을 갉아먹는다.

□ 애벌레가 느티나무 잎을 먹는다.(위)
□ 애벌레가 느티나무에 만든 집.(아래)

느티나무알락명나방 *Conobathra frankella*

머리는 검고, 몸은 흑갈색이다. 느티나무의 작은 가지 근처에 있는 잎과 연결하여 터널 같은 집을 지으며, 외벽에는 배설물을 붙여 놓는다. 1년에 두 번 새로운 개체가 발생한다.

나비목 명나방과

나타나는 때 5~6월,
8월
사는 곳 숲 속, 공원
먹이 느티나무,
느릅나무
몸 길이 13mm

□ 애벌레가 비수리에 집을 만들고 그 잎을 먹는다.(위)
□ 어른벌레.(아래)

나비목 명나방과

나타나는 때 8월
사는 곳 숲 속
먹이 콩과 식물
몸 길이 18mm

앞붉은명나방 *Oncocera semirubella*

머리는 검고, 회색 몸에 흑갈색 세로줄 무늬가 있다. 번데기가 될 시기가 가까워지면 몸이 약간 보랏빛을 띤다. 비수리, 싸리 등의 잎들 사이를 실로 엮어 터널같이 만들고 그 속에서 산다.

□ 애벌레가 상수리나무 잎을 먹고 있다.(위)
□ 졸참나무 잎을 말아 놓은 모습.(왼쪽)
□ 어른벌레.(오른쪽)

창나방 *Striglina cancellata*

몸은 굵은 편으로, 앞뒤가 뭉툭하다. 머리는 황갈색
이고, 몸은 황토색이며, 털받침은 검다. 참나무류의
잎을 원뿔 모양으로 말아 놓는다.

나비목 창나방과

나타나는 때 7~8월
사는 곳 숲 속
먹이 참나무류
몸 길이 15mm

□ 애벌레가 망초 잎을 먹고 있다.(위)
□ 털날개나방류가 교미하는 모습.(아래)

나비목 털날개나방과

나타나는 때 4~5월
사는 곳 들판,
　　　　숲 가장자리
먹이 국화과 식물
몸 길이 8mm

쑥부쟁이털날개나방 *Hellinsia nigridactylus*

가시투성이의 조그만 애벌레다. 몸은 녹회색이며,
흰 세로줄이 있다. 먹이식물의 잎 뒷면에 두세 마리
가 함께 붙어 있다. 망초, 주홍서나물 등 쑥부쟁이
이외의 국화과 식물을 먹는다는 사실이 처음으로
밝혀졌다.

□ 애벌레가 벌깨덩굴 잎을 대부분 갉아먹었다.

긴날개털날개나방 *Oidaematophorus iwatensis*

털날개나방 가운데 비교적 큰 종이다. 애벌레는 온
몸에 가시가 돋은 형태로, 몸은 밝은 녹색이며, 등
쪽은 넓게 자주색을 띤다. 주로 먹이식물의 잎 뒷면
에 붙어 있다. 우리 나라에는 정식으로 발표되지 않
은 종으로, 애벌레와 먹이식물을 처음 기록한다.

나비목 털날개나방과

나타나는 때 5월
사는 곳 숲 속
먹이 벌깨덩굴
몸 길이 13mm

□ 벚나무 잎을 먹고 사는 애벌레.

나비목 알락나방과

나타나는 때 5~6월
사는 곳 숲 속, 정원, 공원
먹이 벚나무, 장미
몸 길이 10mm

장미알락나방 *Illiberis assimilis*

머리와 몸이 검고, 앞가슴은 약간 붉은빛이 돈다. 몸에 희고 긴 털이 불규칙하게 있다. 움직임은 빠르지 않은 편이고, 자극을 받으면 머리를 가슴 안쪽으로 움츠린다.

◻ 애벌레가 새머루 꽃봉오리를 먹고 있다.

포도유리날개알락나방 *Illiberis tenuis*

머리는 검고, 몸은 연노란색이며, 등의 가운데를 따라 흰 줄이 있다. 몸에 난 털돌기에 방사상의 짧은 털과 긴 털이 하나씩 있다. 어린 애벌레는 몸에 보라색 줄무늬가 나타난다. 자극을 받으면 머리를 가슴 쪽으로 움츠린다.

나비목 알락나방과

나타나는 때 6~7월
사는 곳 숲 속, 과수원
먹이 새머루, 포도나무
몸 길이 10mm

□ 애벌레들이 노박덩굴에 모여 있다.(위)
□ 어른벌레.(아래)

나비목 알락나방과

나타나는 때 4~5월
사는 곳 숲 속, 정원,
　　　　공원
먹이 노박덩굴과 식물,
　　　귀룽나무
몸 길이 15mm

노랑털알락나방 *Pryeria sinica*

연노란색 몸에 검은 세로줄이 있다. 자극을 받으면
머리를 움츠리고 실을 토하며 잎에서 떨어진다. 몸
을 만지면 등 쪽에서 나쁜 맛이 나는 액체를 뿜는
다. 잎에 모여 살다가 나중에 흩어진다. 노박덩굴과
식물만 먹는 것으로 알려져 있지만, 우리 나라에서
귀룽나무를 먹는 애벌레도 관찰되었다.

□ 노린재나무 잎만 먹는 애벌레.

뒤흰띠알락나방 *Neochalcosia remota*

나비목 알락나방과

나타나는 때 5월
사는 곳 숲 속
먹이 노린재나무
몸 길이 25mm

검은 몸에 윗면을 따라 노란 사각형 무늬가 두 줄 있는데, 사각형 가장자리가 붉어서 전체가 알록달록하다. 자극을 받으면 등 쪽에서 나쁜 맛이 나는 액체를 뿜는다. 노린재나무만 먹으며, 잎을 'U'자 형으로 굽히고 그 사이에 고치를 만든다.

□ 애벌레가 방어 물질을 뿜고 있다.(위)
□ 어른벌레.(왼쪽)
□ 고치.(오른쪽)

□ 애벌레가 갈대에 붙어 있다.(위)
□ 어른벌레.(아래)

여덟무늬알락나방 *Artona octomaculata*

약간 납작하고, 윗면이 편평해서 상자 모양이다. 몸은 흰데 윗면은 검고, 그 안쪽에 반은 붉고 반은 흰 둥근 무늬가 두 줄 있다. 벼과 식물의 잎에 붙어 있으며, 움직임은 활발하지 못하다. 참억새, 갈대 등 벼과 식물이 많은 들판에 산다.

나비목 알락나방과

나타나는 때 5~6월
사는 곳 개울가, 들판
먹이 벼과 식물
몸 길이 15mm

□ 어린 애벌레.(위)
□ 애벌레. 대나무 숲에서 볼 수 있다.(아래)

나비목 알락나방과

나타나는 때 7~11월
사는 곳 남부 지방의
          대나무 숲
먹이 대나무류, 조릿대
몸 길이 18mm

대나무쐐기알락나방 *Artona martini*

몸은 양 끝이 잘록한 모양인데, 밝은 귤빛을 띤다. 털돌기에는 검은색 짧은 털과 흰색 혹은 검은색 긴 털이 있는데, 독이 든 것이 있으므로 주의해야 한 다. 어린 애벌레는 모여서 대나무류의 잎을 먹는다.

203

□ 애벌레가 담쟁이덩굴 잎을 먹고 있다.(위)
□ 애벌레 옆모습.(아래)

실줄알락나방 *Illiberis consimilis*

몸은 검은색이고 위쪽에 흰색, 옆쪽에 노란색 둥근
무늬가 줄지어 있다. 자극을 받으면 가슴 안쪽으로
머리를 움츠린다. 낮에는 잎 뒷면에 붙어 있다.

나비목 알락나방과

나타나는 때 5~6월
사는 곳 공원, 과수원,
　　　　　숲 근처 집 주변
먹이 담쟁이덩굴, 포도
몸 길이 15mm

□ 애벌레. 잎을 엮고 그 속에 꼭 숨어 산다.(위)
□ 꽃사과 잎을 엮어 만든 애벌레의 집.(아래)

나비목 알락나방과

나타나는 때 5월
사는 곳 숲 속, 숲 근처
　　　　　과수원이나
　　　　　정원
먹이 꽃사과나무,
　　　　사과나무
몸 길이 15mm

사과알락나방 *Illiberis pruni*

몸은 연노란색이다. 등 가운데로 검은 줄무늬가 있고, 그 양쪽으로 검은 점들이 늘어서 있다. 꽃사과 등의 잎을 풍선처럼 엮어 그 속에서 살다가 번데기가 된다. 잎은 막질을 남기고 먹는다.

■ 참매미에 기생한 애벌레. 고치를 틀 때는 기생하던 매미에게서 떨어진다.

매미기생나방 *Epipomponia nawai*

나비목 매미기생나방과

어린 애벌레는 몸이 약간 긴데, 다 자라면 만두형이 된다. 몸에 밀랍 성분이 뒤덮여 있어서 희게 보인다. 애벌레 기간은 7일 정도다. 매미의 몸에 두세 마리가 붙어 기생한다. 일본에서는 수컷이 알려지지 않아 단위 생식을 하는 것으로 추측되나, 국내에는 수컷이 존재하는 등 다른 점이 있다.

나타나는 때 8월
사는 곳 매미가
　　　　　많은 숲
먹이 참매미,
　　　애매미(외부 기생)
몸 길이 8mm

□ 애벌레. 가시에 쏘이면 아프다.(위)
□ 고치.(왼쪽)
□ 어른벌레.(오른쪽)

나비목 쐐기나방과

나타나는 때 7~8월
사는 곳 숲 속, 정원,
　　　　　공원, 과수원
먹이 여러 가지 나무
몸 길이 25mm

노랑쐐기나방 *Monema flavescens*

앞뒤가 뭉툭한 민달팽이 모양이다. 몸은 황연두색
이며, 위쪽에는 안장처럼 보라색 무늬가 있다. 가시
가 난 뿔 모양 돌기가 많으며, 배 전체로 기어다닌
다. 가시에 쏘일 수 있으므로 주의해야 한다. 입에
서 토한 액체와 실로 흰색에 흑갈색 줄무늬가 있는
고치를 만든다.

□ 애벌레. 감나무에서 흔히 볼 수 있다.(위)
□ 애벌레 옆모습.(아래)

꼬마쐐기나방 *Microleon longipalpis*

나비목 쐐기나방과

몸은 만두형으로, 연두색을 띤다. 등 쪽은 약간 편평한데, 가운데 앞쪽은 뿔처럼 튀어나왔다. 윗면을 따라 마름모꼴의 노란 무늬가 있고, 테두리에는 검고 센 털이 줄지어 있다.

나타나는 때 6~7월,
　　　　　　 9~10월
사는 곳 숲 속, 정원,
　　　　　 공원, 과수원
먹이 여러 가지 나무
몸 길이 10mm

□ 애벌레가 벚나무 잎을 먹고 있다.(위)
□ 어린 애벌레.(아래)

나비목 쐐기나방과

나타나는 때 7~9월
사는 곳 숲 속, 정원,
공원, 과수원
먹이 여러 가지 나무
몸 길이 18mm

흑색무늬쐐기나방 *Phrixolepia sericea*

몸은 만두형인데 가장자리에 불그스름한 가시가 뒤를 향해 있고, 위쪽에는 혹 같은 돌기들이 있다. 어린 애벌레 때는 가장자리의 가시가 몸빛과 같다. 자극을 받으면 머리를 가슴 쪽으로 움츠린다. 흑갈색 고치는 구형이다.

□ 애벌레가 벚나무 잎을 먹고 있다.(위)
□ 어른벌레.(아래)

흰점쐐기나방 *Austrapoda dentata*

전체적인 모양은 꼬마쐐기나방과 닮았으나, 윗면에
뿔처럼 솟은 부분이 없고, 털이 난 부분이 올록볼록
하게 솟는 점이 다르다. 여러 종류의 나뭇잎을 먹지
만 벚나무에 많다.

나비목 쐐기나방과

나타나는 때 6~7월,
9~10월
사는 곳 숲 속, 정원,
공원, 과수원
먹이 여러 가지 나무
몸 길이 10mm

□ 애벌레가 싸리 잎을 먹고 있다.(위)
□ 어린 애벌레.(아래)

나비목 쐐기나방과

나타나는 때 7~9월
사는 곳 숲 속, 정원,
　　　　　공원, 과수원
먹이 여러 가지 나무
몸 길이 18mm

뒷검은푸른쐐기나방 *Parasa sinica*

몸은 긴 상자 모양이고, 가장자리를 따라 가시가 난 돌기가 늘어선다. 돌기에 쏘일 수 있으므로 주의해야 한다. 등 쪽 가운데 한 줄로 파란 마름모꼴 무늬가 있다. 배 전체로 느리게 기어다닌다. 국명은 검토가 필요하다.

□ 애벌레가 능수버들 잎을 먹고 있다.

극동쐐기나방 *Thosea sinensis coreana*

나비목 쐐기나방과

몸은 만두형으로, 가장자리에 가시가 돋은 뿔 모양 돌기들이 있다. 흰연두색 몸 가운데 흰 줄이 선명하다. 먹이식물의 잎을 가장자리부터 먹으며, 이동할 때는 느린 편이다. 감나무, 능수버들, 느티나무 등 여러 가지 나무의 잎을 먹는다.

나타나는 때 7~9월
사는 곳 숲 속, 정원, 공원, 과수원
먹이 여러 가지 나무
몸 길이 25mm

□ 애벌레의 배설물.(위)
□ 애벌레 옆모습.(왼쪽)
□ 어른벌레.(오른쪽)

□ 애벌레들이 모여서 야광나무 잎을 먹고 있다.

장수쐐기나방 *Parasa consocia*

나비목 쐐기나방과

노란색 몸은 긴 상자 모양이고, 양 끝에는 가시가 난 뿔 모양 돌기들이 있다. 쏘는 가시가 있으므로 주의해야 한다. 등 쪽과 옆면에 파란 줄무늬들이 있다. 어린 애벌레들은 모여 살며, 먹이를 먹을 때 머리가 같은 방향이다.

나타나는 때 7~9월
사는 곳 숲 속, 정원, 공원, 과수원
먹이 각종 나무
몸 길이 20mm

□ 애벌레가 신갈나무 잎을 먹고 있다.(위)
□ 어른벌레.(아래)

나비목 갈고리나방과

나타나는 때 6~9월
사는 곳 숲 속
먹이 참나무류
몸 길이 18mm

참나무갈고리나방 *Agnidra scabiosa*

몸은 갈색이고, 등 쪽에는 안장 같은 연갈색 무늬가 있다. 뒷가슴에 뿔 모양 돌기가 있고, 배 끝도 가시처럼 튀어나왔다. 자극을 받으면 몸을 옆으로 굽히고 꼬리를 쳐든다. 6~9월에 새로운 개체가 두 번 나타난다.

□ 애벌레가 붉나무 잎을 먹는다.(위)
□ 어린 애벌레.(왼쪽)
□ 어른벌레.(오른쪽)

금빛갈고리나방 *Callidrepana patrana*

나비목 갈고리나방과

울퉁불퉁한 몸에 가슴 쪽이 볼록하다. 배 끝은 꼬리
처럼 길게 튀어나왔다. 어린 애벌레는 흰색과 검은
색이 어우러진 새똥 모양이고, 다 자란 애벌레는 황
갈색 몸에 흑갈색으로 얼룩지거나, 검은색 몸에 갈
색 무늬가 있다. 자극을 받으면 몸을 옆으로 굽힌
다. 6~9월에 새로운 개체가 여러 번 나타난다.

나타나는 때 6~9월
사는 곳 숲 속
먹이 옻나무류
몸 길이 18mm

□ 애벌레. 잎 사이에 숨어 산다.(위)
□ 층층나무 잎을 갉아먹는 애벌레.(왼쪽 위)
□ 어른벌레.(왼쪽 아래)

나비목 갈고리나방과

나타나는 때 6~9월
사는 곳 숲 속
먹이 층층나무
몸 길이 18mm

물결줄흰갈고리나방 *Ditrigona conflexaria*

납작한 몸은 녹색이 도는 흰색이고, 머리는 검다. 먹이식물의 잎을 두 장 겹쳐 붙이고 그 속에서 살며, 잎을 먹을 때 막질을 남긴다. 생김새가 비슷한데 머리가 연한 황색을 띠는 것은 쌍점줄갈고리나방의 애벌레다. 6~9월에 새로운 개체가 여러 번 나타난다.

□ 애벌레. 층층나무 잎을 먹고 산다.(위)
□ 어른벌레.(아래)

작은민갈고리나방 *Auzata superba*

나비목 갈고리나방과

녹색 몸에 노란 세로줄 무늬가 있고, 머리는 갈색이다. 머리에 뿔 모양 돌기가 있고, 배 끝도 뾰족하게 튀어나왔다. 먹이식물의 잎을 반으로 접어 풍선처럼 만들고 그 속에서 산다.

나타나는 때 5월
사는 곳 숲 속
먹이 층층나무
몸 길이 20mm

□ 애벌레. 백당나무 잎을 먹고 있다.

나비목 갈고리나방과

나타나는 때 9월~
이듬해 5월
사는 곳 숲 속
먹이 백당나무,
가막살나무
몸 길이 25mm

노랑갈고리나방 *Oreta pulchripes*

전체적으로 참나무갈고리나방의 애벌레와 비슷하지만, 뒷가슴 돌기의 끝이 뭉툭한 점이 다르다. 자극을 받으면 몸을 옆으로 굽힌다. 나무껍질 밑에서 애벌레로 겨울을 난다.

□ 애벌레. 박쥐나무 잎을 겹치고 그 속에서 모여 산다.(위)
□ 어른벌레.(아래)

왕갈고리나방 *Cyclidia substigmaria*

머리와 몸이 검고, 몸의 양쪽을 따라 노란 무늬들이
줄지어 있다. 박쥐나무의 잎을 두 장 겹쳐 대고 그
속에서 여러 마리가 함께 산다.

나비목 왕갈고리나방과

나타나는 때 6월
사는 곳 숲 속
먹이 박쥐나무
몸 길이 40mm

□ 애벌레. 산딸기 잎을
  먹고 산다.(위)
□ 어린 애벌레.(왼쪽)
□ 번데기.(오른쪽)

나비목 뾰족날개나방과

나타나는 때 6~9월
사는 곳 숲 가장자리,
　　　　　계곡 주변
먹이 산딸기류
몸 길이 35mm

무늬뾰족날개나방 *Thyatira batis*

몸은 마디를 따라 울퉁불퉁하며, 머리 쪽과 배 끝은
부풀었다. 어린 애벌레는 풀색을 띠고, 다 자란 애
벌레는 등 쪽 가운데 흑갈색에 연갈색 마름모 무늬
가 줄지어 있다. 자극을 받으면 몸을 옆으로 굽힌
다. 먹이식물의 잎을 엮어 방을 만든 뒤 번데기가
된다.

□ 애벌레. 산딸기 잎을 먹고 산다.(위)
□ 어린 애벌레.(아래)

흰뾰족날개나방 *Habrosyne pyritoides*

어린 애벌레는 흑갈색에 회갈색 무늬가 알록달록하다. 다 자란 애벌레는 흑갈색에 아래쪽은 황색이 되고, 첫째 배마디에 흰 무늬가 있다. 먹이식물의 잎을 성기게 엮고 산다.

나비목 뾰족날개나방과

나타나는 때 6~7월
사는 곳 숲 가장자리,
　　　　　산길 주변
먹이 산딸기
몸 길이 35mm

□ 애벌레가 상수리나무 잎을 먹고 있다.(위)
□ 어른벌레.(아래)

나비목 뾰족날개나방과

나타나는 때 9월
사는 곳 숲 속
먹이 참나무류
몸 길이 35mm

넓은뾰족날개나방 *Tethea ampliata*

녹색이 도는 우윳빛 몸은 약간 납작한 편이며, 각 마디의 양 옆으로 검은 점이 늘어서 있다. 머리는 황갈색으로 큰 편이다. 먹이식물의 잎을 두 장 겹쳐 풍선처럼 만들고 그 속에서 산다. 잎은 막질을 남기고 먹는다.

■ 애벌레. 신갈나무에서 주로 보인다.(위)
■ 어린 애벌레.(아래)

나비목 뾰족날개나방과

이른봄뾰족날개나방 *Kurama mirabilis*

살구색 머리가 두드러져 보인다. 몸빛은 어린 애벌레 때는 회색이 강하지만, 자라면서 노란색이 강해진다. 위쪽에 마디마다 검은 물방울 무늬가 두 쌍 있는데, 개체에 따라 색과 무늬가 다르다. 자극을 받으면 몸을 옆으로 굽힌다. 우리 나라에서는 점차 보기 힘들어지는 종이다.

나타나는 때 5월
사는 곳 숲 속
먹이 참나무류
몸 길이 45mm

□ 다 자란 애벌레가 벚나무 잎을 먹는다.(위)
□ 기생파리가 어린 애벌레에게 접근하고 있다.(아래)

나비목 자나방과

나타나는 때 5월
사는 곳 숲 속
먹이 여러 가지 나무
몸 길이 20mm

흰띠겨울자나방 *Alsophila japonensis*

검정날개겨울자나방과 비슷한데, 몸 위쪽의 하트 무늬가 첫째부터 넷째까지 두드러지고, 나머지는 흔적만 있는 것이 다르다. 몸빛도 보다 흑갈색을 띤다. 주로 가지에 붙어 있으며, 잘 움직이지 않는다. 벚나무, 신갈나무, 찔레 등에 많다.

□ 애벌레. 신갈나무 잎을
먹고 산다.(위)
□ 어린 애벌레.(왼쪽)
□ 어른벌레.(오른쪽)

뽀족날개나방 *Demopsestis punctigera*

나비목 뽀족날개나방과

머리는 검고, 몸에 비해 작은 편이다. 검은 몸에 윗
면 가운데는 넓게 회색을 띠고, 그 가장자리를 따라
흰 점이 늘어서는데, 어린 애벌레에서는 이것이 없
다. 먹이식물의 잎을 성기게 엮어 풍선처럼 만들고
그 속에서 산다.

나타나는 때 5월
사는 곳 숲 속
먹이 참나무류
몸 길이 35mm

■ 애벌레. 나무껍질에 붙어 있으면 잘 보이지 않는다.

나비목 자나방과

나타나는 때 5월
사는 곳 숲 속
먹이 여러 가지 나무
몸 길이 20mm

검정날개겨울자나방 *Alsophila foedata*

자벌레형이지만 약간 짤막하다. 회색 몸에 어두운 색 줄무늬가 있으며, 몸 위쪽 가운데를 따라 밝은 회색 하트 무늬가 줄지어 있다. 잎이나 가지에 붙어 잘 움직이지 않는다. 벚나무, 신갈나무, 찔레 등 여러 종류를 먹으며, 땅 속에 들어가 번데기가 된다.

□ 애벌레. 털이 있는 자벌레다.

별박이자나방 *Naxa seriaria*

나비목 자나방과

자벌레형 애벌레지만 온몸에 긴 털이 많다. 주황색 몸에 검은 무늬가 있다. 어린 애벌레는 약간 짤막하게 보인다. 쥐똥나무 등의 가지와 잎 사이에 거미줄 같은 집을 짓고 모여 살다가, 나중에 흩어진다. 어린 애벌레 상태로 겨울을 난다.

나타나는 때 9월~이듬해 5월
사는 곳 숲 속, 정원, 공원
먹이 쥐똥나무
몸 길이 30mm

□ 쥐똥나무에 모여 있는 어린 애벌레들.(위)
□ 번데기.(왼쪽)
□ 어른벌레.(오른쪽)

□ 애벌레가 갯버들 잎을 먹는다.(위)
□ 위에서 본 애벌레.(아래)

왕무늬푸른자나방 *Eucyclodes difficta*

나비목 자나방과

몸 가장자리를 따라 세모꼴의 판 모양 돌기들이 늘어서 있다. 먹이식물의 가지 끝에 붙어 있으면 알아보기 어렵다. 몸은 밝은 녹색이고, 등 쪽 가운데 흰 줄무늬가 있다. 이동할 때 몸을 좌우로 흔드는 버릇이 있다.

나타나는 때 5월
사는 곳 숲 속 개울가, 연못 주변
먹이 버드나무류
몸 길이 15mm

■ 애벌레가 신갈나무 잎을 먹는다.

나비목 자나방과

나타나는 때 5월
사는 곳 숲 속
먹이 신갈나무,
　　　단풍나무,
　　　벚나무 등
몸 길이 25mm

검은점겨울자나방 *Inurois membranaria*

잎을 엮어 집을 만들고 그 속에서 산다. 녹색 몸에 흰 세로줄이 여러 개 있고, 특히 위쪽 가운데 양 옆의 흰 줄은 굵다. 개체에 따라 몸이 갈색인 경우도 있다. 초봄에 나와 6월쯤 번데기가 되고, 이듬해까지 그 상태로 지낸다. 우리 나라에 네 종이 기록되어 있지만, 애벌레 상태에서 구분하기는 어렵다.

□ 갈색형 애벌레.

□ 집단으로 신갈나무에 피해를 준다.(위)
□ 교미 중인 어른벌레. 날개가 없는 것이 암컷이다.(아래)

□ 애벌레. 신갈나무에 붙어 있으면 보호색 때문에 알아보기 어렵다.(위)
□ 어른벌레.(아래)

흰줄푸른자나방 *Geometra dieckmanni*

몸이 가지 끝의 새순을 닮았다. 풀색 몸에 흰 줄무
늬가 세로로 걸쳐 있다. 둘째부터 다섯째 배마디 등
쪽에 뿔 모양의 큰 돌기가 있다. 보통 가지 끝에 정
지한 채로 잘 움직이지 않는다.

나비목 자나방과

나타나는 때 5월
사는 곳 숲 속
먹이 참나무류
몸 길이 25mm

□ 애벌레가 상수리나무 잎을 먹는다.(위)
□ 나뭇가지로 위장한 애벌레.(아래)

나비목 자나방과

나타나는 때 4~5월,
　　　　　　 7~8월

사는 곳 숲 속
먹이 참나무류
몸 길이 25mm

붉은줄푸른자나방 *Neohipparchus vallata*

몸이 길쭉한 편이고, 표면이 거칠다. 머리 뒤쪽과
여섯째 배마디 위쪽이 뿔 모양으로 솟았다. 둘째 배
마디는 약간 튀어나왔으며, 가슴다리의 뒷다리가
특히 크다. 주로 가지 끝에 정지해 있는데, 머리를
위로 하고 몸을 비스듬히 세워 작은 가지처럼 보인
다. 1년에 두 번 새로운 개체가 나타난다.

■ 애벌레. 개쉬땅나무에서 채집했다.(위)
■ 위에서 본 애벌레.(아래)

큰제비푸른자나방 *Maxates grandificaria*

자벌레형 애벌레로, 밝은 풀색을 띤다. 머리 양 옆
과 뒤가 뿔 모양으로 솟았다. 위험을 느끼면 몸을
비스듬히 세우고 움직이지 않는데, 영락없이 부러
진 가지처럼 보인다. 일본에서는 가래나무를 먹는
것으로 알려져 있다.

나타나는 때 5월
사는 곳 숲 속, 공원
먹이 개쉬땅나무,
　　　가래나무
몸 길이 25mm

□ 애벌레. 산초나무 꽃잎을 몸에 붙이고 있다.(위)
□ 애벌레가 위장한 모습.(아래)

나비목 자나방과

나타나는 때 7~8월
사는 곳 숲 속
먹이 여러 가지 나무
몸 길이 15mm

무늬박이푸른자나방 *Comibaena procumbaria*

애벌레는 약간 짤막한 모양이고, 흑갈색 몸에 황갈색 줄무늬가 있다. 보통 식물의 잎이나 꽃 등의 부스러기를 몸에 붙이고 다니기 때문에 애벌레의 모습은 가려져 있다. 산초나무의 꽃 부스러기를 잔뜩 지고 다니는 모습을 관찰했는데, 이동할 때 몸을 좌우로 흔들면서 가는 버릇이 있다.

□ 홍띠애기자나방 애벌레.(위)
□ 큰홍띠애기자나방 애벌레.(왼쪽)
□ 홍띠애기자나방 어른벌레.(오른쪽)

홍띠애기자나방류(나비목 자나방과) *Timandra* spp.

애벌레는 가운데가 약간 넓고 긴 띠 모양이다. 회갈색 몸에 흑갈색 무늬가
있고, 등에는 'V' 자 형 무늬가 줄지어 있다. 같은 속의 종들은 애벌레 상태
에서 구분하기 어렵다. 관찰한 바에 따르면 홍띠애기자나방의 애벌레는 큰
홍띠애기자나방보다 옆구리 쪽이 밝은 점이 달랐으므로 사육을 통한 동정이
필요하다. 먹이식물의 잎 사이에 거미줄처럼 줄을 쳐서 번데기가 된다.

□ 애벌레. 크기가 작고, 가는 실 모양이다.(위)
□ 어른벌레.(아래)

나비목 자나방과

나타나는 때 7~9월
사는 곳 음습한 들판,
　　　　　개울가
먹이 마디풀과 식물
몸 길이 13mm

분홍애기자나방 *Idaea muricata*

자벌레형 애벌레로, 몸이 매우 가늘다. 흑갈색 몸에 흰 띠가 여러 개 있는데, 옆구리 쪽의 흰 띠는 폭이 넓다. 자극을 받으면 몸을 비스듬히 세우는데, 앞쪽을 구부리고, 머리와 가슴은 옆으로 한 번 더 구부린다. 7~9월에 새로운 개체가 여러 번 나타난다.

□ 애벌레. 가만히 있으면 나뭇가지 같다.

금띠물결자나방 *Electrophaes corylata*

나비목 자나방과

몸이 노랗고, 항문다리가 있는 등 쪽에 붉은 무늬가 있다. 자극을 받으면 몸을 비스듬히 세우고 움직이지 않는다. 유럽에서는 자작나무를 먹는다고 하나, 사진과 같이 고로쇠나무에 붙어 있는 것을 발견했다. 곧바로 번데기가 되었기 때문에 실제 먹이식물이 고로쇠나무인지는 명확하지 않다.

나타나는 때 9~10월
사는 곳 해발 800m 이상 산지의 숲 속
먹이 자작나무
몸길이 25mm

□ 애벌레. 초봄에 신갈나무에서 자주 보인다.(위)
□ 위에서 본 애벌레.(아래)

나비목 자나방과

나타나는 때 5월
사는 곳 숲 속
먹이 신갈나무,
　　　개암나무,
　　　다래나무 등
몸 길이 20mm

노랑무늬물결자나방 *Idiotephria amelia*

자벌레형 애벌레로, 항문다리 쪽으로 갈수록 약간 넓어진다. 몸은 황백색 혹은 오렌지색이고, 마디를 따라 흑갈색 무늬가 가로 띠를 형성한다. 털받침은 검고 선명하다. 5월에 잠시 나타나는데, 많을 때는 숲 바닥을 기는 개체도 자주 보인다. 자극을 받으면 잎에서 실을 토하며 바닥으로 떨어진다.

□ 애벌레. 신갈나무 잎을
먹고 산다.(위)
□ 갈색형 애벌레.(왼쪽)
□ 애벌레가 위협하는 모습.(오른쪽)

줄점물결자나방 *Idiotephria debilitata*

약간 짤막하고 납작한 모양이다. 몸은 회색이지만,
연한 흑갈색인 것도 있다. 등과 옆구리 쪽을 따라
검은 삼각형 무늬가 줄지어 있다. 자극을 받으면 몸
을 옆으로 굽힌 채 가슴을 젖혀 위협한다.

나비목 자나방과

나타나는 때 5월
사는 곳 숲 속
먹이 참나무류
몸 길이 17mm

242

■ 물봉선 잎을 먹고 사는 애벌레.(위)
■ 어른벌레.(아래)

나비목 자나방과

나타나는 때 6월,
8~9월
사는 곳 개울가,
계곡 주변
먹이 물봉선, 봉선화
몸 길이 25mm

큰톱날물결자나방 *Ecliptopera umbrosaria*

몸이 가늘고 길다. 어린 애벌레는 황록색이지만, 다 자라면 전체적으로 풀색을 띤다. 등 쪽 양 옆으로 엷게 흰 띠가 있으며, 항문두덩 근처에는 붉은 십자 무늬가 있다. 1년에 두 번 새로운 개체가 나타난다.

□ 약간 짤막한 자벌레형 애벌레.

큰겨울물결자나방 *Operophtera relegata*

짤막한 자벌레형 애벌레로, 잎을 엮어 만든 공간에 숨어 살기 때문에 이동하는 모습은 보기 힘들다. 황백색 몸에 회색 줄무늬가 있다. 다 자란 애벌레는 통통하고, 밝은 연두색을 띤다. 신갈나무, 신나무, 야광나무 등에 많다.

나비목 자나방과

나타나는 때 5월
사는 곳 숲 속
먹이 각종 나무
몸 길이 20mm

□ 노랑물봉선 잎을 먹는 애벌레.

나비목 자나방과

나타나는 때 5월, 8월
사는 곳 개울가,
　　　　　계곡 주변
먹이 물봉선,
　　　노랑물봉선
몸 길이 20mm

흰줄물결자나방 *Xanthorhoe biriviata*

자벌레형 애벌레다. 머리는 황색, 몸의 위쪽은 회
색, 아래쪽은 황백색을 띠는데, 개체에 따라 윗면이
보다 짙은 색을 띠기도 한다. 둘째부터 다섯째 배마
디의 등 쪽에 검은 무늬가 하나씩 있다. 1년에 두 번
새로운 개체가 나타난다.

245

□ 애벌레가 참빗살나무 잎을 먹는다.(위)
□ 어른벌레.(아래)

참빗살얼룩가지나방 *Abraxas latifasciata*

나비목 자나방과

몸은 흰색이고, 가슴 앞 모서리와 옆구리, 여덟째 배마디 뒤쪽은 노란색이지만, 굵고 검은 띠가 여러 개 있어서 몸빛이 어두워 보인다. 몸 속에 맛이 좋지 않은 물질이 있어서 포식자들이 싫어하는 애벌레다. 잘 이동하지 않으며, 행동이 굼뜬 편이다.

나타나는 때 10월
사는 곳 산지의 공원과
  정원, 숲 속
먹이 참빗살나무,
  회잎나무
몸 길이 25mm

□ 애벌레가 터리풀 잎을 먹고 있다.(위)
□ 어른벌레.(아래)

나비목 자나방과

나타나는 때 6월, 8월
사는 곳 숲 속,
　　　　숲 근처 과수원
먹이 장미과 식물
몸 길이 20mm

쌍점흰가지나방 *Lomographa bimaculata*

자벌레형 애벌레다. 몸은 밝은 녹색을 띠고, 위쪽 가운데를 따라 흑갈색 마름모꼴 무늬가 줄지어 있다. 자극을 받으면 가슴을 뒤로 젖히고 위협한다. 터리풀, 복숭아나무 등 장미과 식물을 먹는다.

■ 물봉선에서 발견한 애벌레.

흑점박이흰가지나방 *Lomographa temerata*

쌍점흰가지나방의 애벌레와 비슷하지만, 몸의 마디 사이에 흰 무늬가 있는 것이 다르다. 위험을 느끼면 식물의 잎에 몸을 붙이고 움직이지 않는다.

나비목 자나방과

나타나는 때 7~8월
사는 곳 숲 속
먹이 물봉선, 벚나무류, 복숭아나무 등
몸 길이 18mm

ㅁ 쪽동백 잎을 먹는 애벌레.(위)
ㅁ 어른벌레.(아래)

나비목 자나방과

나타나는 때 5월
사는 곳 숲 속
먹이 쪽동백, 때죽나무
몸 길이 35mm

먹세줄횐가지나방 *Myrteta angelica*

머리는 밝은 황색, 몸은 녹회색이며, 등에 양쪽으로 흰 줄무늬가 있다. 보통 먹이식물의 잎을 뒤로 둥글게 말고 그 속에서 사는데, 좀처럼 가지 위로 이동하는 모습을 볼 수 없다.

■ 숲 바닥에 떨어진 애벌레를 채집했다.(위)
■ 어른벌레.(아래)

연푸른가지나방 *Parabapta clarissa*

나비목 자나방과

자벌레형 애벌레로, 몸이 풀색이다. 옆구리를 따라 연노란색 줄이 선명하고, 머리 위쪽에는 보라색 무늬가 있다. 참나무류의 잎을 잎맥만 남기고 먹는다. 숲 바닥에 떨어진 애벌레를 관찰한 것이다.

나타나는 때 6~7월
사는 곳 숲 속
먹이 참나무류
몸 길이 25mm

□ 애벌레가 보리수나무 잎을 먹는다.(위)
□ 위에서 본 애벌레.(아래)

나비목 자나방과

나타나는 때 6월,
          9~10월
사는 곳 숲 속
먹이 보리수나무
몸 길이 17mm

고운날개가지나방 *Oxymacaria normata*

약간 짤막한 자벌레형 애벌레다. 채집 당시 몸은 회색이고, 털받침은 검은색이었는데, 나중에 몸이 자줏빛으로 바뀌었다. 아마도 어린 애벌레와 다 자란 애벌레의 몸빛이 다른 것 같다. 일본의 기록을 보면, 개체에 따라 몸빛에 변화가 많다고 한다. 먹이식물의 잎을 대충 엮고 그 속에서 산다.

251

□ 애벌레가 노박덩굴 잎을
먹는다.(위)
□ 번데기.(왼쪽)
□ 어른벌레.(오른쪽)

잠자리가지나방 *Cystidia stratonice*

몸이 가는 편이고 연노란색이며, 각 마디를 따라 검
은 사각형 무늬가 있다. 주로 먹이식물에서 살다가
번데기가 될 시점에 주변의 식물로 옮겨 가는데, 잎
을 실로 성기게 묶고 그 속에서 번데기가 된다.

나비목 자나방과

나타나는 때 5~6월
사는 곳 숲 속
먹이 노박덩굴
몸 길이 38mm

□ 다 자란 애벌레.(위)
□ 환삼덩굴을 먹는 애벌레.(왼쪽)
□ 어린 애벌레. 7~9월에 새로운 개체가 두 번 나타난다.(오른쪽)

나타나는 때 7~9월
사는 곳 숲 속, 공원, 정원, 과수원
먹이 여러 가지 풀과 나무
몸 길이 55mm

네눈쑥가지나방 *Ascotis selenaria*

약간 굵은 편이지만 등 쪽이 편평해서 단면은 사각형이다. 머리는 연한 황색, 몸은 회백색이며, 옆구리 쪽에 가는 회색 줄무늬가 많다. 둘째 배마디의 등 쪽 가운데 검은 막대 무늬가 있다. 자극을 받으면 몸을 비스듬히 세우고 움직이지 않는다. 풀싸리, 쑥, 사과나무 등을 먹는다.

□ 애벌레가 벚나무 잎을
　먹고 있다.(위)
□ 어린 애벌레.(왼쪽)
□ 어른벌레.(오른쪽)

털뿔가지나방 *Alcis angulifera*

길쭉한 회갈색 몸에 마디를 따라 회색과 흑갈색 무
늬가 있다. 자극을 받으면 비스듬히 서서 움직이지
않는데, 나뭇가지와 구분하기 어렵다. 굴참나무, 벚
나무류, 산딸기, 병꽃나무 등 여러 나무에 산다.

나비목 자나방과

나타나는 때 5~6월,
　　　　　　 8~9월
사는 곳 숲 속, 공원,
　　　　　 정원, 과수원
먹이 여러 가지 나무
몸 길이 35mm

□ 다 자란 애벌레. 산딸기 잎을
  먹고 있다.(위)
□ 어린 애벌레.(왼쪽)
□ 어른벌레.(오른쪽)

나비목 자나방과

나타나는 때 7~8월
사는 곳 숲 속, 공원,
         정원, 과수원
먹이 여러 가지 나무
몸 길이 55mm

네눈가지나방 *Hypomecis punctinalis*

몸은 길쭉한 편이고, 표면이 매끄럽다. 연한 황록색
이나 황갈색을 띠며, 둘째 배마디에 혹 같은 돌기가
한 쌍 있다. 자극을 받아 몸을 비스듬히 세우면 나
뭇가지처럼 보인다. 산딸기, 신갈나무 등 여러 가지
나뭇잎을 먹는다.

❑ 애벌레가 콩잎을 먹고 있다.

팽나무가지나방 *Protoboarmia simpliciaria*

나비목 자나방과

전체적으로 회색을 띠고, 옆구리의 숨구멍 근처는 희다. 흑갈색 무늬들이 복잡하게 흩어지며, 특히 등쪽의 무늬는 마름모꼴을 이룬다. 작물의 해충으로 기록된 바는 없지만, 콩에 피해를 주는 것을 관찰했다. 콩, 단풍나무, 아그배나무 등 여러 가지의 풀과 나뭇잎을 먹는다.

나타나는 때 8월
사는 곳 숲 속, 과수원, 공원, 밭
먹이 여러 가지 풀과 나무
몸 길이 40mm

256

□ 애벌레가 산딸기 잎을
　먹는다.(위)
□ 어린 애벌레.(왼쪽)
□ 어른벌레.(오른쪽)

나비목 자나방과

줄고운가지나방 *Ectropis excellens*

나타나는 때 5~9월
사는 곳 숲 속, 과수원,
　　　　공원, 밭
먹이 산딸기,
　　　아까시나무 등
　　　여러 가지 나무
몸 길이 35mm

몸이 굵은 편이고, 등 쪽은 약간 편평하다. 몸은 회갈색이고, 가슴 앞쪽과 다섯째 배마디의 등 쪽은 넓게 흑갈색을 띤다. 자극을 받으면 몸을 곧게 펴고 움직이지 않는데, 부러진 나뭇가지처럼 보인다. 움직임은 활발하지 않다. 5~9월에 새로운 개체가 여러 번 나타난다.

□ 애벌레가 쑥을 먹고 있다.

날개물결가지나방 *Ectropis crepuscularia*

나비목 자나방과

줄고운가지나방의 애벌레와 비슷하지만, 약간 작고 몸빛이 어둡다. 개체에 따라 몸빛이 다르며, 옆구리 쪽에 흑갈색 줄무늬가 있다. 어린 애벌레는 흑갈색 이고, 마디를 따라 옆구리 쪽에 흰 무늬가 있다. 풀 과 활엽수의 잎을 가리지 않고 잘 먹으며, 사육하기 쉽다. 5~9월에 새로운 개체가 여러 번 나타난다.

나타나는 때 5~9월
사는 곳 숲 속, 과수원,
　　　　　 공원, 밭
먹이 여러 가지 풀과
　　　　 나무
몸 길이 25mm

□ 위에서 본 애벌레.(위)
□ 어린 애벌레.(왼쪽)
□ 어른벌레.(오른쪽)

◘ 애벌레가 비목나무 잎을 먹는다.

참물결가지나방 *Racotis petrosa*

약간 뭉툭한 자벌레형 애벌레다. 황회색 머리에 흑갈색 눈썹 무늬가 있다. 몸은 녹색이고, 옆구리를 따라 연노란색 무늬가 있다. 항문두덩 근처에 흑갈색 무늬가 있다. 비목나무, 생강나무 등 녹나무류를 먹는다.

나비목 자나방과

나타나는 때 7월
사는 곳 중부 지방
　　　　아래쪽의
　　　　숲 속
먹이 녹나무류
몸 길이 20mm

□ 생강나무를 먹고 사는 애벌레.(위)
□ 어른벌레.(아래)

나비목 자나방과

나타나는 때 5월
사는 곳 숲 속
먹이 생강나무
몸 길이 40mm

넓은띠큰가지나방 *Duliophyle agitata*

편평한 삼각형 머리가 회색이고, 가장자리를 따라 검은 띠가 있다. 앞가슴 앞쪽 모서리에 붉은 점이 눈처럼 보인다. 몸은 밝은 녹색이고, 윗면의 양쪽 가장자리를 따라 흰 줄이 있다. 자극을 받으면 머리를 위로 하고 비스듬히 서서 움직이지 않는다.

□ 애벌레가 신갈나무 잎을 먹는다.(위)
□ 어른벌레.(아래)

흰무늬겨울가지나방 *Agriopis dira*

머리는 검고, 몸은 밝은 회색이며, 몸 중앙 양쪽에
흰 띠가 있다. 몸의 마디 사이는 검은 무늬를 이룬
다. 신갈나무, 굴참나무 등 참나무류의 잎을 먹는다.

나비목 자나방과

나타나는 때 5월
사는 곳 숲 속
먹이 참나무류
몸 길이 18mm

■ 애벌레가 신갈나무 잎을
　엮고 산다.(위)
■ 어린 애벌레.(왼쪽·오른쪽)

나비목 자나방과

나타나는 때 5월
사는 곳 숲 속
먹이 참나무류
몸 길이 20mm

앞노랑겨울가지나방 *Pachyerannis obliquaria*

주로 잎을 엮고 그 속에서 살며, 가지 위로 이동하는 일은 드물다. 몸빛과 무늬가 여러 가지다. 전체적으로 흰색에 검은색 세로 줄이 있다. 가장자리 쪽의 검은 띠는 폭이 넓고, 등 쪽 가운데를 남기고 전체가 검거나, 온몸이 검은 개체도 있다. 배 쪽은 연노란색이다.

□ 애벌레가 신갈나무 잎을 먹고 있다.

참나무겨울가지나방 *Erannis golda*

전형적인 자벌레형 애벌레다. 연갈색 머리는 약간 큰 편이다. 몸은 위쪽이 갈색, 아래쪽이 노란색이고, 그 경계면은 흰색이다. 등 쪽에 검은색 세로줄이 여러 개 있다. 때때로 크게 발생하여 산림에 피해를 주기도 한다. 갯버들, 신갈나무, 벚나무류, 신나무 등 여러 가지 나무를 먹는다.

나비목 자나방과

나타나는 때 5월
사는 곳 숲 속, 과수원,
숲 근처 공원
먹이 여러 가지 나무
몸 길이 35mm

264

□ 애벌레.(위)
□ 찔레 잎을 먹는 애벌레.(왼쪽)
□ 어른벌레.(오른쪽)

나타나는 때 5~6월
사는 곳 숲 속
먹이 여러 가지 나무
몸 길이 40~45mm

북방겨울가지나방 *Phigalia viridularia*

몸은 보라색이고, 머리와 옆구리의 숨구멍을 따라 적갈색 무늬가 있다. 몸에 난 털은 센 편이다. 애벌레의 모양은 일본에서 기록한 흑백겨울가지나방과 비슷하나, 우리 나라에는 북방겨울가지나방이 좀더 흔해서 후자의 애벌레로 기록한다. 신갈나무, 찔레, 은사시나무 등 여러 가지를 먹는다.

ㅁ 신갈나무 잎을 먹는 애벌레.

사과나무겨울가지나방 *Phigalia vercumdaria Leech*

북방겨울가지나방의 애벌레와 비슷하지만, 몸에 난
털이 좀더 길고, 몸빛은 황색을 띠며, 검은줄무늬가
있다. 숨구멍 주변은 붉은 무늬를 이룬다. 신갈나
무, 산딸기, 아까시나무 등 여러 가지를 먹는다.

나비목 자나방과

나타나는 때 5~6월
사는 곳 숲 속
먹이 여러 가지 나무
몸 길이 40~45mm

□ 애벌레 몸에 보랏빛 줄무늬가 있다.(위)
□ 어린 애벌레.(아래)

나비목 자나방과

나타나는 때 5월
사는 곳 숲 속
먹이 여러 가지 나무
몸 길이 35mm

털겨울가지나방 *Meichihuo cihuai*

몸이 가는 편이다. 머리에 반점이 많고, 몸은 흰색
인데, 옆구리의 숨구멍을 따라 노란 무늬들이 줄지
어 있다. 등과 배 쪽에 검은 줄이 있고, 다 자란 애
벌레는 검은 줄무늬 사이에 보라색 줄무늬가 있다.
여덟째 배마디는 등 쪽이 뿔처럼 솟았다. 광대싸리,
신나무, 괴불나무, 아까시나무 등을 먹는다.

■ 새똥을 닮은 애벌레.(위)
■ 어린 애벌레. 자극을 받으면 몸의 앞부분을 안쪽으로 말아서 처든다. 어린 애벌레는 몸을 보다 강하게 꼰다.(왼쪽)
■ 녹색형 애벌레.(오른쪽)

가시가지나방 *Apochima juglansiaria*

나비목 자나방과

나타나는 때 5~6월
사는 곳 숲 속, 과수원,
　　　　　숲 근처 공원
먹이 여러 가지 나무
몸 길이 35mm

새의 배설물을 닮은 특이한 형태의 자벌레류다. 몸은 흑갈색이나 등 쪽은 희고, 털이 난 자리는 혹처럼 솟았다. 가끔 흑갈색 부분이 녹색을 띠는 것도 있다. 배마디는 등 쪽으로 산처럼 솟았다. 어린 애벌레는 몸이 약간 가늘고, 검은 부분이 좀더 넓다. 신갈나무, 신나무, 산사나무, 벚나무 등을 먹는다.

□ 애벌레가 신갈나무 줄기에 붙어 있다.

나타나는 때 5월
사는 곳 숲 속
먹이 여러 가지 나무
몸 길이 55mm

차가지나방 *Megabiston plumosaria*

몸이 약간 굵은 편이고, 회색이나 어두운 회갈색이며, 첫째와 넷째 배마디 등 쪽으로 돌출한 흰색 무늬가 있다. 주로 가지에서 발견되는데, 나무 줄기에 숨어 있기도 한다. 굴참나무, 버드나무 등 여러 종류를 먹는다.

□ 어린 애벌레는 연두색이 돈다. 자극을 받으면 몸을 곧게 펴고 머리를 가슴 아래로 파묻는다.(위)
□ 신갈나무 잎을 먹는 애벌레. 신갈나무, 왕벚나무, 개암나무 등 여러 가지를 먹는다.(아래)

니토베가지나방 *Wilemania nitobei*

나비목 자나방과

잎벌류의 애벌레와 많이 닮았다. 머리와 가슴 쪽이 상대적으로 약간 부푼 느낌이다. 머리는 연한 황색이고, 흑회색 몸은 온통 흰 분이 덮여 있어 밝은 회색으로 보인다. 숨구멍과 마디의 주름은 검은 무늬 같다. 어린 애벌레는 분을 적게 형성하여 연두색으로 보이는 것도 있다.

나타나는 때 5~6월
사는 곳 숲 속, 과수원,
숲 근처 공원
먹이 여러 가지 나무
몸 길이 35mm

□ 애벌레가 밤나무 잎을 먹고 있다.

나비목 자나방과

나타나는 때 5~6월
사는 곳 숲 속,
　　　　　　숲 근처 공원
먹이 여러 가지 나무
몸 길이 38mm

뒷흰가지나방 *Pachyligia dolosa*

머리 쪽이 약간 크고, 몸의 단면은 반원형이다. 연두색 몸에 주름이 많고, 연노란색 작은 점들로 덮여 있으며, 머리는 연녹색이다. 앞가슴의 숨구멍은 붉은색으로 두드러져 보인다. 신갈나무, 벚나무, 개암나무 등 여러 가지를 먹는다.

■ 다 자란 애벌레. 활엽수 종류를 가리지 않고
　잘 먹는다.(위)
■ 어린 애벌레.(아래)

큰빗줄가지나방 *Descoreba simplex*

머리는 적갈색이고, 몸은 흑갈색인데, 개체에 따라
황갈색을 띠기도 한다. 흰 점들이 잘게 흩어져 있으
며, 배마디의 숨구멍 주변은 오렌지색을 띤다. 여덟
째 배마디 위쪽에 갈색 돌기 한 쌍이 있다. 신갈나
무, 개옻나무, 산초나무 등 여러 가지를 먹는다.

나비목 자나방과

나타나는 때 5~6월
사는 곳 숲 속
먹이 여러 가지 나무
몸 길이 40mm

□ 애벌레가 신갈나무 잎을 먹고 있다.(위)
□ 등이 검은 개체 변이.(왼쪽)
□ 짝짓기 하는 어른벌레. 날개가 퇴화한 것이
  암컷이다.(오른쪽)

나비목 자나방과

나타나는 때 5월
사는 곳 숲 속
먹이 여러 가지 나무
몸 길이 35mm

이른봄긴날개가지나방 *Planociampa modesta*

전형적인 자벌레형 애벌레다. 머리가 황색, 몸은 밝은 녹색에 털받침이 검은 개체도 있고, 머리가 갈색이고, 몸은 연록색인데 등 쪽이 검은 것도 있다. 때로 두 형태의 중간인 것도 보여서 다형 현상으로 여겨지는데, 재차 확인이 필요하다. 신갈나무, 개암나무, 신나무, 산딸기 등 여러 종류를 먹는다.

□ 애벌레가 싸리 잎을 먹고 있다.

북방긴날개가지나방 *Planociampa antipala*

나비목 자나방과

몸이 약간 가는 편이다. 황색 머리에 검은 무늬가 눈처럼 보인다. 몸은 흰색인데, 옆구리 아랫면은 노랗다. 등 쪽에 검은 줄무늬가 복잡하며, 무늬가 전혀 없는 개체도 있다. 옆구리에는 검고 둥근 무늬가 줄지어 있다. 신갈나무, 신나무, 찔레 등을 먹는다.

나타나는 때 5월
사는 곳 숲 속
먹이 여러 가지 나무
몸 길이 35mm

■ 애벌레가 상수리나무
 잎을 먹고 있다.(위)
■ 어린 애벌레.(왼쪽)
■ 어른벌레.(오른쪽)

나비목 자나방과

나타나는 때 5~6월
사는 곳 숲 속
먹이 여러 가지 나무
몸 길이 50mm

뾰족가지나방 *Acrodontis kotshubeji*

어린 애벌레는 몸이 검고, 세로줄과 마디를 따라 있
는 무늬는 희다. 다 자란 애벌레는 머리와 가슴, 배
끝은 주황색을 띠고, 몸은 검은색과 흰색 세로줄이
교차한다. 몸이 굵어 이동할 때 움직임이 느리다. 신
갈나무, 노박덩굴, 산딸기 등 여러 가지를 먹는다.

□ 애벌레가 신갈나무 잎을 먹고 있다.

큰뾰족가지나방 *Acrodontis fumosa*

나비목 자나방과

뾰족가지나방의 애벌레보다 몸이 굵은 편이며, 가늘고 검은 세로줄이 있다. 숨구멍 주변에는 누런색 무늬가 있다. 가지 사이를 비교적 천천히 움직이며, 신갈나무와 야광나무 등 여러 가지를 먹는다.

나타나는 때 5~6월
사는 곳 숲 속
먹이 여러 가지 나무
몸 길이 50mm

□ 애벌레가 갈참나무 잎을 먹고 있다.(위)
□ 말발도리를 먹는 어린 애벌레.(아래)

나비목 자나방과

나타나는 때 5~6월
사는 곳 숲 속
먹이 여러 가지 나무
몸 길이 50mm

흰점갈색가지나방 *Colotois pennaria*

전형적인 자벌레형 애벌레다. 머리는 갈색이고, 몸은 연한 갈색에 검은색 가는 줄무늬가 많다. 옆구리의 숨구멍을 따라 흰 점들이 있고, 여덟째 배마디 위쪽은 뿔처럼 솟았다. 어린 애벌레는 몸빛이 어둡다. 신갈나무, 바위말발도리, 버드나무 등 여러 가지를 먹는다.

□ 애벌레가 백당나무 잎을 먹는다.

뒷무늬쌍꼬리나방 *Dysaethria erasaria*

몸의 뒤쪽은 약간 뭉툭하고, 머리는 상대적으로 작다. 몸이 흰색이고, 털받침은 검은색이다. 황회색 머리에 검은 눈썹 무늬가 있다. 자극을 받으면 몸을 옆으로 구부리고 털 끝에서 방어 물질을 분비한다.

나비목 제비나방과

나타나는 때 9월
사는 곳 숲 속,
　　　　　산지의 공원
먹이 백당나무
몸 길이 15mm

■ 애벌레가 좀굴거리나무 잎을
　먹는다.(위)
■ 어린 애벌레.(왼쪽)
■ 어른벌레.(오른쪽)

나비목 제비나방과

갈색줄쌍꼬리나방(신칭) *Oroplema oyamana*

나타나는 때 10월
사는 곳 제주도의
　　　　　산 중턱
먹이 좀굴거리나무
몸 길이 15~20mm

몸의 뒤쪽이 뭉툭하다. 머리에 연갈색과 흑갈색 무
늬가 있다. 흑회색 몸에 마디 사이마다 누런 무늬가
있으며, 검은 털받침은 뿔 모양으로 솟았다. 먹이식
물의 잎 뒷면에 붙어 있으며, 잎은 막질을 남기고
먹는다.

□ 바닥에 떨어진 애벌레가 느릅나무 잎을 먹는다.

두줄제비나비붙이 *Epicopeia menciana*

연한 갈색 몸에 밀랍 성분을 뒤집어쓰고 있어서 하얗게 보인다. 먹이식물에도 밀랍 성분이 붙어 있다. 위험을 느끼면 잎에 꼭 붙어서 움직이지 않는다.

나비목 제비나비붙이과

나타나는 때 8~9월
사는 곳 숲 속,
　　　　　산지의 공원
먹이 비술나무,
　　　느릅나무
몸 길이 35mm

□ 애벌레가 버드나무 잎을 먹는다.(위)
□ 가슴을 움츠려 위협하고 있다.(왼쪽)
□ 어른벌레.(오른쪽)

나비목 솔나방과

나타나는 때 5~7월
사는 곳 계곡 주변,
　　　　　개울가, 연못가
먹이 여러 가지 나무
몸 길이 90mm

배버들나방 *Gastropacha quercifolia*

몸집이 크고 약간 납작한 모양인데, 옆구리를 따라
회색 털이 있다. 온몸이 회색이고, 암회색 무늬들이
있다. 앞가슴등판에는 흑갈색과 파란색 가시털이
촘촘한데, 자극을 받으면 이 부분의 털을 곤두세운
다. 버드나무류, 자두나무, 은행나무 등 여러 가지
나무를 먹는다.

□ 두 살 애벌레.(위)
□ 세 살 애벌레.(왼쪽)
□ 다 자란 애벌레는 흑갈색 몸에
등 쪽을 따라 두 줄로 흰 무늬가
있다.(오른쪽)

섭나방 *Cyclophragma undans*

나비목 솔나방과

나타나는 때 6~8월
사는 곳 숲 속
먹이 신갈나무,
조록싸리
몸 길이 90mm

암컷이 수컷보다 크다. 어린 애벌레는 어두운 청록색에 노란 무늬가 있으며, 어느 정도 자라면 몸이 누런빛으로 변하고, 등 쪽을 따라 검은색과 흰색 무늬가 나타난다. 가슴에 검은 털뭉치로 된 'V'자 형 무늬가 두 개 있는데, 독이 든 털이 있으므로 주의해야 한다.

□ 애벌레가 굴참나무 등걸에서 쉬고 있다. 초여름에 깨어난 애벌레는 초가을이 되어야 다 자란다.

나비목 솔나방과

나타나는 때 6~9월
사는 곳 숲 속
먹이 참나무류
몸 길이 90mm

도토리나방 *Cyclophragma yamadai*

몸은 흑갈색이지만, 황백색이나 황갈색 털로 덮여 있다. 털들은 마디를 따라 위쪽과 옆쪽에 규칙적으로 난다. 옆구리 가까운 쪽에 푸른색을 띠는 부분이 있고, 숨구멍 근처에는 검은 무늬가 있다. 가끔 산림에 대량으로 발생해 피해를 주기도 한다. 주로 먹이식물의 둥치 위에서 발견된다.

283

□ 억새 근처의 풀에 애벌레가
　붙어 있다.(위)
□ 어린 애벌레.(왼쪽)
□ 어른벌레.(오른쪽)

대나방 *Euthrix albomaculata*

송충이형 애벌레로, 옆구리를 따라 털이 많다. 어린
애벌레는 청회색 옆구리를 빼고는 대부분 황백색이
며, 등 쪽 가운데를 따라 흑갈색 사각형 무늬가 줄
지어 있는데, 이 무늬들은 자라면서 합쳐진다. 가운
뎃가슴과 배 끝 쪽에 일어선 털이 있다. 등의 센 털
들은 독이 있다.

나비목 솔나방과

나타나는 때 5~6월,
　　　　　　8~9월
사는 곳 벼과 식물이
　　　　　많은 산지 들판
먹이 억새, 갈대 등
　　　　벼과 식물
몸 길이 60mm

□ 다 자란 애벌레가 뽕잎을 먹는다.

나비목 누에나방과

나타나는 때 5~6월,
          9월
사는 곳 시골 마을 주변,
          숲 가장자리
먹이 뽕나무
몸 길이 30mm

멧누에나방 *Bombyx mandarina*

누에나방의 야생종이다. 자극을 받으면 부푼 가슴을 더욱 부풀리며, 이 때 눈알 무늬가 나타난다. 회백색 몸 윗면에 회색과 갈색 무늬가 있으며, 둘째와 다섯째 배마디에는 갈색 눈알 무늬가 있다. 먹이식물의 잎을 엮어 고치실을 만드는데, 고치가 누에보다 작으며, 연두색이 돈다.

□ 애벌레의 가슴에 있는 눈알 무늬.

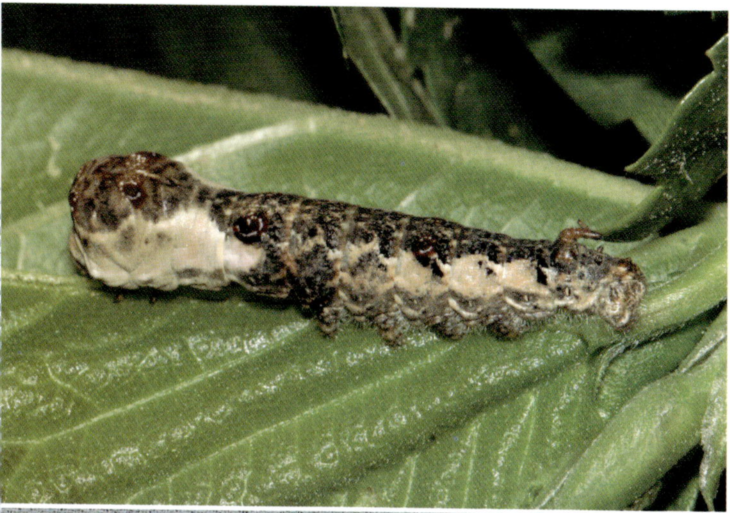

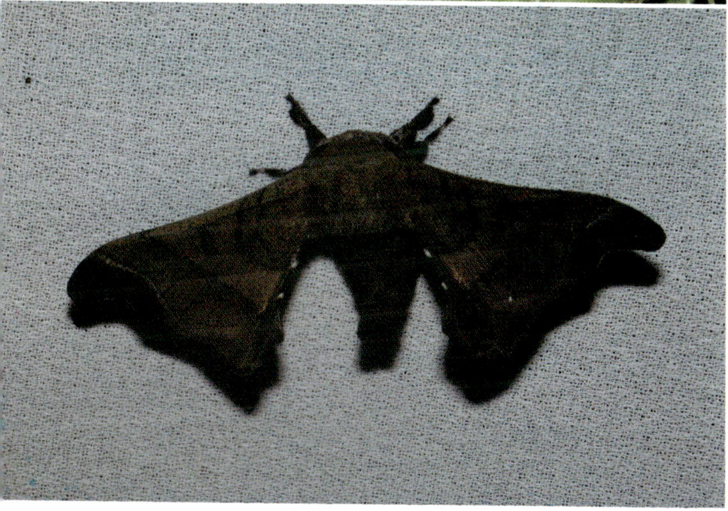

◘ 어린 애벌레.(위)
◘ 어른벌레.(아래)

□ 다 자란 애벌레가 병꽃나무
　잎을 먹는다.(위)
□ 어린 애벌레.(왼쪽)
□ 도토리 모양 고치는 가죽
　재질로 두꺼운 편이다.(오른쪽)

반달누에나방 *Mirina christophi*

나비목 반달누에나방과

나타나는 때 5~6월
사는 곳 숲 속
먹이 병꽃나무
몸 길이 60mm

애벌레는 산누에나방의 애벌레를 닮았다. 어린 애
벌레는 긴 돌기가 많고, 연두색 몸에 윗면은 검은빛
을 띤다. 자극을 받으면 머리와 가슴을 세차게 흔들
며 가운뎃가슴과 뒷가슴 사이의 붉은 무늬를 보여
준다. 다 자란 애벌레는 몸이 밝은 연두색인데, 배
에는 앞쪽으로 향하는 가시 모양 돌기가 있다.

□ 어린 애벌레. 산초나무 잎을 먹고 있다. 산초나무, 가죽나무, 황벽나무, 대추나무 등 여러 가지를 먹는다.(위)
□ 어른벌레.(아래)

나비목 산누에나방과

나타나는 때 6~10월
사는 곳 숲 속, 공원
먹이 여러 가지 나무
몸 길이 50mm

가중나무고치나방 *Samia cynthia*

어린 애벌레는 몸이 황백색이고, 양 끝은 노란빛을 띤다. 온몸에 짧은 털이 난 곤봉 모양 돌기가 있다. 다 자란 애벌레는 흰 분으로 덮인 듯한 녹색을 띤다. 어린 애벌레는 흔히 볼 수 있으나, 다 자란 애벌레는 보기 힘들다. 먹이식물의 잎을 엮어 고치를 만든다.

□ 애벌레.(왼쪽)
□ 밤나무 잎을 먹는 애벌레.(오른쪽 위)
□ 어른벌레.(오른쪽 아래)

참나무산누에나방 *Antheraea yamamai ussuriensis*

몸이 크고 연한 녹색이다. 등 쪽은 마디를 따라 산 모양으로 약간 솟았다. 온몸에 센 털이 있는데, 등 쪽의 털은 앞으로 향한다. 숨구멍 바로 위에 노란 줄무늬가 있다. 자극을 받으면 가슴을 부풀리고, 머리를 가슴 안쪽으로 움츠린다. 잎을 엮어 타원형의 고치를 만들고 그 속에서 번데기가 된다.

나타나는 때 5~7월
사는 곳 숲 속
먹이 참나무류
몸 길이 70mm

290

■ 애벌레가 신갈나무
　잎을 먹는다.(위)
■ 어린 애벌레.(왼쪽)
■ 고치.(오른쪽)

나비목 산누에나방과

나타나는 때 5~6월
사는 곳 숲 속
먹이 여러 가지 나무
몸 길이 60mm

유리산누에나방 *Rhodinia fugax*

다 자란 애벌레가 되기 전에는 온몸에 가시털이 난 하늘색 돌기들이 있는데, 다 자란 애벌레는 가슴 부분이 솟아 몸이 반원형이 되고, 가운뎃가슴과 여덟째 배마디 위쪽에만 짧은 뿔 모양 돌기가 있다. 고치는 자루가 있으며, 연두색을 띤다. 신갈나무, 느티나무, 벚나무 등 여러 가지를 먹는다.

■ 다 자란 애벌레가 산철쭉 잎을
먹고 있다.(위)
■ 어린 애벌레가 층층나무 잎을
먹고 있다. 6~9월에 새로운
개체가 두 번 나타난다.(왼쪽)
■ 어른벌레.(오른쪽)

긴꼬리산누에나방 *Actias artemis*

어린 애벌레는 오렌지색을 띠며, 털돌기는 검다. 다
자란 애벌레는 연두색이고, 털돌기가 있는 부분은
산 모양으로 굽는다. 숨구멍은 붉은빛을 띤다. 자극
을 받으면 가슴 앞쪽을 들고, 머리는 움츠린다. 먹
이식물의 잎을 엮어 고치를 만든다. 산철쭉, 산딸나
무, 밤나무, 버드나무 등 여러 가지를 먹는다.

나비목 산누에나방과

나타나는 때 6~9월
사는 곳 숲 속,
산지의 공원
먹이 여러 가지 나무
몸 길이 70~80mm

□ 애벌레가 쥐똥나무를
　먹는다.(위)
□ 위에서 본 애벌레.(왼쪽)
□ 어린 애벌레.(오른쪽)

나비목 왕물결나방과

나타나는 때 5~6월
사는 곳 숲 속
먹이 쥐똥나무,
　　　　개회나무
몸 길이 100mm

산왕물결나방 *Brahmaea tancrei*

매우 큰 애벌레로, 밝은 황갈색 몸에 흑갈색 점들이
있고, 배 쪽은 흑갈색이다. 가슴 쪽은 울퉁불퉁하
며, 위쪽으로는 자극을 받을 때 보이는 붉고 큰 눈
알 무늬가 한 쌍 있다. 왕물결나방의 애벌레와 달리
가슴과 배에 긴 돌기가 없지만, 어린 애벌레 때는
돌기가 있다.

■ 녹색형 애벌레.(위)
■ 갈색형 애벌레.(아래)

박각시 *Agrius convolvuli*

몸에 세로로 주름이 뚜렷한 편이다. 녹색형과 갈색형이 있는데, 옆구리 쪽에 비스듬히 반복적으로 나타나는 띠 무늬는 같다. 녹색형에서는 숨구멍이 붉은색으로 뚜렷이 보인다. 자극을 받으면 가슴 부분을 약간 들고 움직이지 않는데, 지상에서는 몸을 옆으로 튼다.

나타나는 때 9~10월
사는 곳 경작지, 공원
먹이 고구마, 콩, 나팔꽃
몸 길이 80~90mm

294

□ 애벌레

나비목 박각시과

나타나는 때 8~10월
사는 곳 침엽수가 많은
숲, 공원
먹이 소나무류
몸 길이 65mm

솔박각시 *Sphinx morio arestus*

옆구리 쪽은 녹색, 등 쪽은 갈색인데 그 경계면은 흰 띠 모양을 이룬다. 먹이식물인 소나무에 있을 때는 잘 보이지 않지만, 번데기가 되기 위해 지상에 내려왔을 때 자주 관찰된다. 지상에서는 자극을 받으면 몸을 옆으로 튼다.

🔹 애벌레가 아까시나무 잎을 먹고 있다.

콩박각시 *Clanis bilineata*

나비목 박각시과

꼬리돌기가 비교적 짧은 애벌레다. 몸은 연두색이고, 가슴다리는 약간 붉은색이다. 몸의 표면은 껄끄러우며, 옆구리 쪽에 비스듬히 가늘고 노란 줄무늬가 반복적으로 나타난다. 자극을 받으면 가슴 부분을 든다.

나타나는 때 8~9월
사는 곳 숲 가장자리,
　　　　　들판, 경작지
먹이 아까시나무, 칡
몸 길이 80~90mm

□ 애벌레가 쇠물푸레나무 잎을 먹는다.(왼쪽)
□ 붉은색이 강하게 도는 개체 변이.(오른쪽)

나비목 박각시과

나타나는 때 7~9월
사는 곳 숲 속,
　　　　　숲 근처 공원
먹이 쇠물푸레나무,
　　　쥐똥나무
몸 길이 70mm

물결박각시 *Dolbina tancrei*

밝은 풀색이며, 온몸에 돌기들이 있어 거칠다. 꼬리 돌기는 굵고 길다. 옆구리 쪽으로 비스듬한 줄무늬가 있는데, 맨 마지막 것은 특히 굵다. 배마디를 따라 붉은 무늬가 나타나는데, 사육 중에 이 부분이 더 넓어져 전체적으로 붉어지는 것이 관찰되었다. 7~9월에 새로운 개체가 두 번 나타난다.

□ 애벌레가 벚나무 잎을 먹는다.

분홍등줄박각시 *Marumba gaschkewitschii*

나비목 박각시과

나타나는 때 8월
사는 곳 숲 속, 공원
먹이 장미과 식물
몸 길이 60~70mm

풀색 몸 표면이 우툴두툴하고, 꼬리돌기는 약간 긴 편이다. 옆구리 쪽으로 비스듬히 가늘고 흰 띠들이 줄지어 있는데, 꼬리돌기 쪽의 것은 좀더 굵다. 이 무늬들은 위에서 보면 여덟 팔(八)자 모양이다. 자극을 받으면 가슴 부분을 약간 들고 움직이지 않는다.

□ 어린 애벌레.(위)
□ 위에서 본 애벌레.(왼쪽)
□ 어른벌레.(오른쪽)

□ 애벌레가 능수버들 잎을 먹는다.(위)
□ 다 자란 애벌레.(아래)

뱀눈박각시 *Smerinthus planus*

몸은 백록색이며, 옆구리 쪽에 비스듬한 줄무늬는 희다. 가슴 부분에 양 옆으로 흰 띠가 있는 것이 특징이다. 번데기가 되기 전에 애벌레의 몸이 약간 붉어지며, 땅 속에서 번데기가 된다.

나비목 박각시과

나타나는 때 7~9월
사는 곳 산지의 계곡, 시골의 가로수, 공원
먹이 버드나무류
몸 길이 70~80mm

■ 애벌레가 갯버들 잎을 먹고 있다.

나비목 박각시과

나타나는 때 8~9월
사는 곳 개울가,
　　　　　연못 주변
먹이 갯버들, 버드나무,
　　　은사시나무
몸 길이 70mm

버들박각시 *Smerinthus caecus*

뱀눈박각시의 애벌레와 비슷한데, 꼬리돌기가 약간 짧은 것이 다르다. 자극을 받으면 가슴을 들어올리고 움직이지 않는다.

■ 애벌레가 자두나무 잎을 먹는다.

대왕박각시 *Langia zenzeroides nawai*

나비목 박각시과

몸집이 크고 굵은 애벌레다. 정수리가 뾰족하고, 배 끝의 꼬리 모양 돌기는 굵다. 등 쪽의 양 가장자리로 흰 돌기들이 늘어서 띠를 이루고, 숨구멍은 크고 하늘색을 띤다. 다 자란 애벌레는 등 위쪽이 보라색이다. 애벌레를 만지면 몸을 부풀렸다가 공기를 빼면서 '큉큉' 하는 소리를 내어 위협한다.

나타나는 때 5~6월
사는 곳 과수원, 시골 마을의 정원, 사찰 주변
먹이 복숭아나무, 자두나무, 매실나무
몸 길이 100mm

□ 다 자란 애벌레가 자극을 받아
위협하고 있다.(위)
□ 어린 애벌레.(왼쪽)
□ 어른벌레.(오른쪽)

나비목 박각시과

나타나는 때 7월, 9월
사는 곳 숲 속
먹이 포도과 식물
몸 길이 75~80mm

머루박각시 *Ampelophaga rubiginosa*

몸은 풀색이고, 연노란색 돌기들로 덮여 있다. 등
쪽을 따라 흰 무늬들이 있는데, 양 옆의 흰 줄무늬
가 두드러진다. 다 자란 애벌레의 등 쪽 무늬는 약
간 노란색을 띠며, 'V'자 형이다. 꼬리돌기는 어린
애벌레 때 길지만, 점점 짧아진다. 다 자란 애벌레
의 가슴은 옆쪽으로 늘어지는 것이 특징이다.

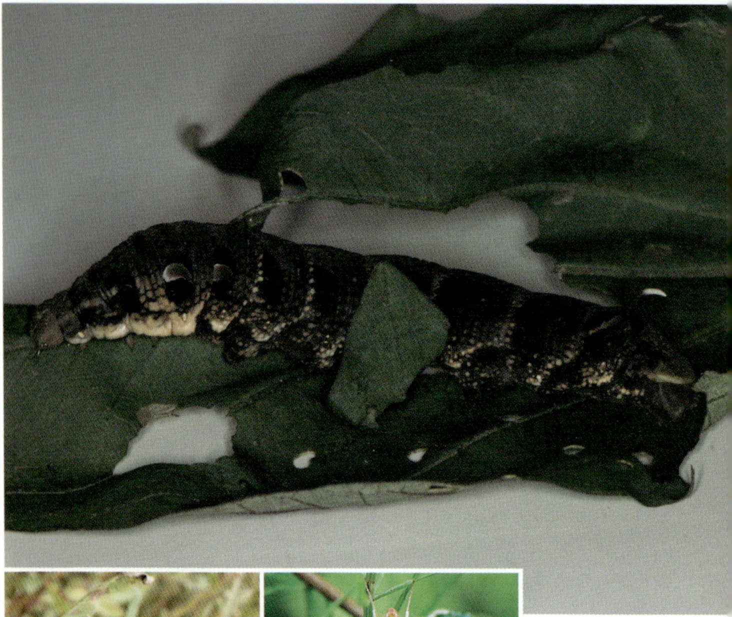

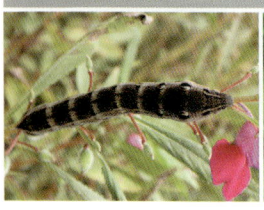

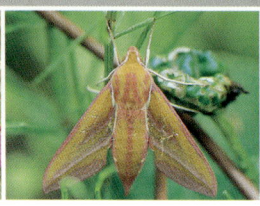

▫ 애벌레가 달맞이꽃 잎을 먹고 있다.(위)
▫ 위에서 본 애벌레.(왼쪽)
▫ 어른벌레.(오른쪽)

주홍박각시 *Deilephila elpenor*

머리 쪽이 급하게 좁아지는 애벌레다. 몸은 갈색이고, 마디를 따라 등 쪽 가장자리에 흑갈색 무늬가 있다. 가슴에 눈알 무늬가 세 쌍 있으며, 자극을 받으면 이 부분을 부풀린다. 가끔 녹색형 애벌레도 있다. 물봉선, 봉선화, 달맞이꽃, 담쟁이덩굴 등 여러 가지를 먹는다.

나비목 박각시과

나타나는 때 6~9월
사는 곳 숲 속, 숲 근처 정원
먹이 여러 가지 식물
몸 길이 50mm

■ 애벌레가 담쟁이덩굴을
　먹고 있다.(위)
■ 애벌레 가슴의 눈알 무늬.(왼쪽)
■ 어른벌레.(오른쪽)

나비목 박각시과

나타나는 때 7~10월
사는 곳 숲 속, 숲 근처
　　　　　 마을 주변
먹이 담쟁이덩굴,
　　　 겹달맞이꽃,
　　　 개머루
몸 길이 75~80mm

줄박각시 *Theretra japonica*

갈색 몸에 옆구리 쪽은 회갈색이다. 가끔 녹색형 애
벌레도 있다. 가슴부터 넷째 배마디까지 노란 무늬
가 줄지어 있는데, 첫째와 둘째 배마디의 것은 눈알
무늬를 이룬다. 자극을 받으면 머리를 가슴 쪽으로
움츠리고 가슴을 부풀려 눈알 무늬가 잘 보이게 한
다. 7~10월에 새로운 개체가 두 번 나타난다.

□ 어른벌레.(위)
□ 애벌레가 신나무 잎을 먹는다.(아래)

꽃술재주나방 *Dudusa sphigiformis*

모양은 반달누에나방의 애벌레와 비슷하지만, 몸이
짙은 오렌지색이다. 옆구리를 따라 검은 줄무늬들
이 있다. 첫째 배마디 옆쪽으로 황백색의 큰 원형
무늬가 있다. 자극을 받으면 머리와 배 끝을 든다.
신나무, 복장나무 등 단풍과 식물을 먹는다.

나비목 재주나방과

나타나는 때 8~9월
사는 곳 숲 속
먹이 단풍나무류
몸 길이 50mm

□ 애벌레가 버드나무 잎을 먹는다.(위)
□ 자극을 받아 위협하는 애벌레.(아래)

나비목 재주나방과

나타나는 때 6월
사는 곳 숲 속, 하천변,
　　　　　　계곡 주변
먹이 여러 가지 나무
몸 길이 45mm

재주나방 *Stauropus fagi*

머리가 큰 편이고, 배마디는 톱니처럼 튀어나왔다. 배 뒤쪽은 부채 모양으로 넓어지고, 항문다리는 긴 뿔 모양이다. 가운뎃다리와 뒷가슴다리가 매우 길다. 자극을 받으면 몸을 'U'자 형으로 굽히고 가슴다리를 휘저으며 위협한다. 버드나무, 자작나무, 단풍나무 등 여러 가지를 먹는다.

□ 싸리를 먹는 애벌레.

꽃무늬재주나방 *Stauropus basalis*

재주나방의 애벌레와 비슷하지만 머리가 좀더 작고, 셋째와 넷째 배마디에 다리까지 이어지는 흑갈색 무늬가 있다. 몸빛은 약간 어두운 편이다. 자극을 받으면 가슴다리를 뻗어 휘젓는다.

나비목 재주나방과

나타나는 때 7월,
　　　　　　9~10월
사는 곳 숲 속
먹이 싸리
몸 길이 30mm

■ 애벌레가 버드나무류의 잎을 먹는다.(위)
■ 어린 애벌레.(왼쪽)
■ 어른벌레.(오른쪽)

나비목 재주나방과

나타나는 때 5~6월
사는 곳 계곡 주변,
　　　　연못가
먹이 버드나무류
몸 길이 30mm

검은띠나무결재주나방 *Furcula furcula sangaica*

몸은 풀색이지만, 위쪽으로 흑갈색 무늬가 있는데 가슴 쪽은 삼각형, 배 쪽에서는 안장 모양을 이룬다. 가슴은 옆으로 각이 져 삼각형을 이루고, 모서리는 뿔 모양으로 튀어나왔다. 항문다리는 긴 뿔 모양으로 변형되었다. 자극을 받으면 가슴을 부풀리며 세우고, 항문다리를 벌려 위협한다.

□ 애벌레가 때죽나무 잎을 먹는다.

때죽나무재주나방 *Syntypistis cyanea*

나비목 재주나방과

머리가 큰 편이고, 몸은 약간 짤막하며, 항문다리 쪽으로 좁아진다. 풀색 몸에 위쪽 양 옆으로 흰 줄 무늬가 있다. 옆구리 쪽의 점은 노랗다. 항문다리 근처에는 빨간 무늬가 있다. 자극을 받으면 상체를 움츠려 부풀린다.

나타나는 때 7~9월
사는 곳 숲 속
먹이 때죽나무, 쪽동백
몸 길이 30mm

□ 애벌레가 신갈나무 잎을 먹고 있다.(위)
□ 어른벌레.(아래)

나비목 재주나방과

나타나는 때 7~8월
사는 곳 숲 속
먹이 참나무류
몸 길이 40mm

밤나무재주나방 *Fentonia ocypete*

머리와 배는 밝은 회갈색이며, 복잡한 줄무늬가 있다. 가슴은 녹색이다. 이 무늬들은 애벌레가 갉아먹은 잎사귀 모양과 비슷하다. 다 자란 애벌레는 땅속에 들어가 번데기가 된다.

□ 애벌레가 개암나무 잎을 먹는다.

검은줄재주나방 *Lophocosma atriplaga*

나비목 재주나방과

박각시류 애벌레를 닮았다. 몸은 풀색이고, 옆구리를 따라 비스듬히 빨간 줄무늬가 늘어선다. 여덟째 배마디의 꼬리돌기는 붉은색이나, 끝 쪽은 검다.

나타나는 때 9월
사는 곳 숲 속
먹이 개암나무,
　　　서어나무,
　　　자작나무
몸 길이 35mm

나비목 재주나방과

나타나는 때 7~8월
사는 곳 숲 속
먹이 신나무, 단풍나무
몸 길이 40mm

겹날개재주나방 *Semidonta biloba*

재주나방류 중에서는 애벌레가 평범하게 생긴 편이
다. 몸은 풀색인데, 옆구리를 따라 흰색과 붉은색
줄이 있다. 다 자란 애벌레는 땅 속으로 들어가 번
데기가 된다.

□ 애벌레가 신나무 잎을 먹고 있다.

긴띠재주나방 *Shaka atrovittatus*

나비목 재주나방과

백록색 몸에 옆구리를 따라 연노란색 넓은 띠가 있다. 가슴다리는 주황색이고, 배다리와 항문다리에는 흑갈색 무늬가 있다.

나타나는 때 7~8월
사는 곳 숲 속
먹이 신나무, 단풍나무
몸 길이 45mm

나비목 재주나방과

나타나는 때 7~8월
사는 곳 숲 속
먹이 노린재나무
몸 길이 30mm

노린재나무재주나방 *Neodrymonia delia*

어린 애벌레는 평범한 모양이지만, 다 자란 애벌레는 몸 앞쪽이 약간 부풀고 뭉툭하며, 배 끝이 좁아진다. 몸 위쪽의 양 옆으로 흰 띠가 있고, 그 안쪽으로는 가늘고 붉은 띠가 불규칙하게 있다. 몸 위쪽과 옆구리에는 노란색 가는 줄무늬가 있다. 자극을 받으면 머리를 움츠리고 가슴을 부풀린다.

315

□ 위협을 느끼면 몸을 젖힌다.

남방섬재주나방 *Spatalia plusiotis*

머리와 몸은 밝은 회갈색을 띠고, 머리에는 흑갈색
그물 무늬가 있다. 여덟째 배마디는 등 쪽으로 솟았
고, 항문다리는 곤봉 모양으로 튀어나왔으며, 가슴
다리가 짧다. 자극을 받으면 머리를 젖히면서 배 끝
을 들어올린다. 굴피나무, 개암나무, 오리나무 등
여러 가지 나무를 먹는다.

나비목 재주나방과

나타나는 때 8~9월
사는 곳 숲 속
먹이 여러 가지 나무
몸 길이 35mm

□ 애벌레가 싸리 잎을 먹는다.

나비목 재주나방과

나타나는 때 8~9월
사는 곳 숲 속, 산길
먹이 콩과 식물
몸 길이 60mm

배얼룩재주나방 *Phalera grotei*

몸집이 크고, 갈색 머리도 큰 편이다. 흰색 몸에 옆구리 쪽은 갈색 줄무늬가 있고, 그 아래쪽은 노란색이다. 숨구멍은 검고, 온몸에 길고 흰 털이 자란다. 아까시나무, 싸리, 참싸리 등 콩과 식물을 먹는다.

◘ 다 자란 애벌레. 신갈나무 잎을 먹는다.

참나무재주나방 *Phalera assimilis*

나비목 재주나방과

머리는 검고, 몸은 붉은빛을 띤다. 어린 애벌레는 몸에 오렌지색 줄무늬가 있고, 다 자란 애벌레는 검은 무늬가 있다. 온몸에 긴 털이 많이 자란다. 네 살 애벌레까지는 모여 살다가 이 후 흩어진다. 모인 애벌레는 몸빛 때문에 눈에 잘 띈다.

나타나는 때 7~8월
사는 곳 숲 속, 공원
먹이 참나무류
몸 길이 50mm

□ 네 살 애벌레.(위)
□ 모여 사는 어린 애벌레.(왼쪽)
□ 어른벌레.(오른쪽)

□ 애벌레가 버드나무 잎을 먹는다.(위)
□ 어린 애벌레. 6~10월에 새로운 개체
가 여러 번 나타난다.(왼쪽)
□ 능수버들에 피해를 주며 만든
애벌레 집.(오른쪽)

버들재주나방 *Clostera anastomosis*

머리와 몸이 검지만, 위쪽은 회갈색을 띤다. 털돌기
는 붉은색이다. 뒷가슴 위쪽에 붉은색 혹 모양 돌기
가 있고, 그 양 옆에 흰 점이 있다. 어린 애벌레 때
는 이 돌기가 검다. 잎과 가지 사이에 실을 엮어 크
게 집을 짓고 모여 살다가 다 자란 애벌레 때 흩어
져 잎을 엮고 번데기가 된다.

나비목 재주나방과	
나타나는 때	6~10월
사는 곳	공원, 하천변, 개울가, 정원
먹이	버드나무류
몸 길이	35mm

□ 애벌레가 은사시나무 잎을 먹고 있다.(위)
□ 네 살 애벌레.(왼쪽)
□ 어른벌레.(오른쪽)

나비목 재주나방과

나타나는 때 5~8월
사는 곳 공원, 하천변,
　　　　　개울가, 정원
먹이 버드나무류
몸 길이 35mm

꼬마버들재주나방 *Clostera anachoreta*

검은 몸에 위쪽 양 옆으로 노란 줄이 선명하다. 옆구리 쪽의 털돌기들은 붉다. 뒷가슴과 여덟째 배마디 위쪽에 곧추선 짧은 털이 많은 혹 모양 돌기가 있다. 전체적인 모양이 무늬독나방의 애벌레와 닮았다. 어린 애벌레들은 실로 집을 짓고 모여 산다.

□ 애벌레가 버드나무류의 잎을 먹는다.

작은점재주나방 *Micromelalopha sieversi*

머리에 'ㅅ' 자 형 무늬가 있다. 몸은 백록색이고, 위쪽 양 옆으로 흰 줄무늬가 있다. 여덟째 배마디 위쪽에 사마귀 모양의 돌기가 한 쌍 있다. 그 동안 생활사에 대해 알려진 바가 없었는데, 먹이식물과 애벌레를 처음으로 소개한다.

나비목 재주나방과

나타나는 때 6월
사는 곳 산지의 연못과
개울 주변,
하천변
먹이 버드나무,
은사시나무
몸 길이 20mm

□ 애벌레가 잣나무에서 떨어져 숲 바닥을 기고 있다.(위)
□ 위에서 본 애벌레.(왼쪽)
□ 어른벌레.(오른쪽)

나비목 독나방과

나타나는 때 5~6월,
　　　　　8~9월
사는 곳 숲 속
먹이 잣나무, 소나무
몸 길이 35mm

삼나무독나방 *Calliteara argentata*

몸에 흰색과 풀색 세로줄이 있다. 등 쪽을 따라 흑
갈색 털뭉치들이 있는데, 특히 가운뎃가슴부터 둘
째 배마디까지 있는 털뭉치 네 개가 눈에 띈다. 앞
가슴 양쪽의 긴 털뭉치들은 더듬이처럼 보인다. 뒷
가슴의 앞뒤로 마디를 따라 검은 부위가 있는데, 자
극을 받으면 가슴을 구부려 이 부분을 보인다.

323

□ 애벌레가 나무를 빠르게 기어오른다. 상수리나무, 산딸기, 신나무 등
　여러 가지를 먹는다.(위)
□ 위험을 느끼고 몸을 둥글게 만 애벌레.(아래)

사과독나방 *Calliteara pseudabiensis*

머리와 몸이 흰연두색을 띤다. 온몸에 긴 털이 있으
며, 털 끝 쪽은 붉은빛이 돈다. 가운뎃가슴부터 둘
째 배마디까지 있는 털뭉치 네 개는 분홍색을 띤다.
배 끝에도 갈색 털뭉치가 하나 있다. 가운뎃가슴과
뒷가슴 사이의 마디에 검은 무늬가 있는데, 자극을
받아 가슴을 구부리면 이 부분이 보인다.

나타나는 때 5~6월,
　　　　　　　 8~9월
사는 곳 숲 속, 숲 근처
　　　　　 가까운 정원
먹이 여러 가지 나무
몸 길이 30~35mm

□ 애벌레가 은사시나무 잎을 먹고 있다.

나비목 독나방과

나타나는 때 7~8월
사는 곳 숲 가장자리,
　　　　　시골길
먹이 은사시나무,
　　　미루나무
몸 길이 30~35mm

꼬마버들독나방 *Leucoma salicis*

매미나방의 애벌레와 비슷하지만 훨씬 작고, 등의 위쪽을 따라 큼직한 황백색 무늬가 있다. 그 가장자리와 옆구리의 털돌기는 붉은색을 띤다. 근래에는 상당히 보기 힘든 종이 되었지만, 과거에는 미루나무의 주요 해충이었다.

□ 애벌레가 소리쟁이에 붙어 있다.(위)
□ 어린 애벌레가 버드나무 잎을 먹고 있다.(오른쪽 위)
□ 어른벌레.(오른쪽 아래)

콩독나방 *Cifuna locuples*

검은 몸에 흰 털이 많고, 뒷가슴과 첫째 배마디 위쪽의 털뭉치는 갈색이다. 앞가슴 양쪽의 긴 털뭉치 한 쌍은 앞을 향한다. 자극을 받으면 가슴을 구부려 털뭉치들이 두드러지게 보인다. 버드나무, 산딸기, 상수리나무, 소리쟁이 등을 먹는다. 5~9월에 새로운 개체가 여러 번 나타난다.

나비목 독나방과

나타나는 때 5~9월
사는 곳 숲 속, 들판, 하천변, 정원, 경작지
먹이 여러 가지 풀과 나무
몸 길이 30~40mm

□ 애벌레가 새머루를 먹는다.(위)
□ 어린 애벌레.(왼쪽)
□ 어른벌레.(오른쪽)

나비목 독나방과

나타나는 때 5~6월,
9~10월
사는 곳 숲 속,
포도 과수원
먹이 포도나무, 머루,
다래나무
몸 길이 30mm

포도독나방 *Neocifuna eurydice*

연갈색 몸에 등 쪽은 검고, 가운데 노란 줄이 있다. 가운뎃가슴에서 둘째 배마디까지 곧추선 털뭉치 네 개는 크며, 배 끝에도 갈색 털뭉치들이 있다. 자극을 받으면 가슴을 구부려 털을 꼿꼿이 세운다.

□ 새머루에서 발견한 애벌레.

갈색독나방 *Neocifuna jankowskii*

포도독나방과 비슷하지만, 몸빛이 다소 옅어 갈색
을 띤다. 습성은 포도독나방과 같으며, 잎 사이에
실과 몸의 털을 엮어 고치를 만들고 번데기가 된다.

나비목 독나방과

나타나는 때 6~7월
사는 곳 숲 속
먹이 새머루
몸 길이 30mm

□ 애벌레가 신갈나무 잎 뒷면에
　숨어 있다.(위)
□ 어린 애벌레.(왼쪽)
□ 어른벌레.(오른쪽)

상제독나방 *Arctornis album*

밝은 녹색 몸이 길쭉하고 납작한 편이다. 등 쪽 가운데 황백색 줄이 있다. 가장자리를 따라 흰 털이 빽빽한데, 건드리면 몸을 움츠리며 잎에서 떨어진다. 신갈나무, 상수리나무 등 참나무류를 먹는다.

□ 애벌레가 층층나무 잎을
먹고 있다.(위)
□ 번데기.(왼쪽)
□ 어른벌레.(오른쪽)

황다리독나방 *Ivela auripes*

송충이형 애벌레다. 몸의 위쪽은 검고, 아래쪽은 노
랗다. 등 쪽을 따라 노란 무늬가 두 줄로 늘어서 있
다. 먹이식물의 잎을 엮어 풍선처럼 만들고 그 속에
서 산다. 가끔 대량으로 발생해 피해를 주는 종이
다. 식물의 잎 사이를 성기게 엮고 그 속에서 독특
한 무늬가 있는 번데기가 된다.

나비목 독나방과

나타나는 때 4~5월
사는 곳 숲 속,
　　　숲 근처 정원
먹이 층층나무,
　　　곰의말채
몸 길이 35~40mm

■ 애벌레가 신갈나무 잎을 먹고 있다.(위)
■ 어린 애벌레가 부들 잎에 붙어 있다.(왼쪽)
■ 어른벌레.(오른쪽)

나타나는 때 6~7월,
9~10월
사는 곳 숲 속,
숲 근처 과수원
먹이 여러 가지 나무
몸 길이 40mm

붉은매미나방 *Lymantria mathura*

어린 애벌레는 몸이 검고, 가슴 쪽에 오렌지색 무늬가 있다. 털뭉치의 털들이 다른 매미나방류에 비해 질서정연한 편이다. 일본의 기록에 따르면, 다 자란 애벌레는 등 쪽에 적갈색 무늬가 발달하고, 머리도 갈색을 띤다.

□ 애벌레

매미나방 *Lymantria dispar*

황갈색 머리에 검은 무늬가 있다. 몸은 회색인데, 어
린 애벌레 때는 등 쪽에 오렌지색 사각형 무늬가 있
다가 점차 노란 점과 줄무늬가 나타난다. 등 위쪽의
털돌기들은 가슴 부분에서 파란색, 배 부분에서 붉
은색을 띤다. 낮에는 보통 나무 줄기 등에 가만히 붙
어 있다. 센 털에 찔릴 수 있으므로 주의한다.

나타나는 때 5~7월
사는 곳 숲 속, 공원,
시골의 가로수,
마을 주변
먹이 풀과 나무 대부분
몸 길이 55~70mm

□ 어린 애벌레.(위)
□ 알집.(왼쪽)
□ 어른벌레.(오른쪽)

얼룩매미나방 *Lymantria monacha*

어린 애벌레는 매미나방의 애벌레와 비슷하지만,
등 쪽 털돌기가 모두 파란색이다. 다 자란 애벌레는
몸에 흰 얼룩이 나타나고, 가슴과 배 뒷부분의 털돌
기가 붉은색을 띤다. 다 자란 애벌레는 잎을 엮고
그 속에 들어간다. 밤나무, 자작나무, 소나무 등을
먹는다.

나비목 독나방과

나타나는 때 6~8월
사는 곳 숲 속
먹이 여러 가지 나무
몸 길이 50~55mm

334

나비목 독나방과

나타나는 때 5~6월
사는 곳 숲 속
먹이 참나무류
몸 길이 40mm

물결매미나방 *Lymantria lucescens*

다른 매미나방에 비해 노란빛이 강하며, 등 쪽의 털 돌기들은 모두 붉은색을 띤다. 매미나방류 중에 드물게 보이는 종으로, 땅에서 기어다니는 애벌레를 관찰했다. 신갈나무, 상수리나무 등 참나무류를 먹는다.

■ 다 자란 애벌레. 산딸기, 밤나무, 명자나무 등 여러 가지를 먹는다.

독나방 *Euproctis subflava*

나비목 독나방과

오렌지색 몸에 긴 털이 있고, 머리와 가슴, 배 뒤쪽의 등은 검다. 첫째 배마디 위쪽의 혹 모양 돌기에는 짧은 흑갈색 털이 많은데, 독이 있다. 어린 애벌레는 모여 살며 허물벗기를 많이 하는데, 열두 번까지 하는 경우도 알려져 있다. 번데기가 될 때 고치를 형성하는데, 그 벽면에 독이 든 털을 붙여 놓는다.

나타나는 때 4~6월
사는 곳 숲 속, 공원, 정원, 경작지
먹이 여러 가지 풀과 나무
몸 길이 30~35mm

□ 네 살 애벌레들이 명자나무에 모여 있다.(위)
□ 두 살 애벌레들이 잎 한 장에 빼곡히 모여 있다.(왼쪽)
□ 어른벌레.(오른쪽)

□ 애벌레 몸이 알록달록하다. 5~9월에 새로운 개체가
　여러 번 나타난다.(위)
□ 노루오줌의 꽃에 있는 애벌레.(아래)

무늬독나방 *Euproctis piperita*

몸에 검은색과 노란색이 어우러져 알록달록하다.
몸 가장자리를 따라 난 털돌기들은 붉은색을 띤다.
검은 띠에 있는 털돌기들은 흰색이다. 온몸에 긴 털
이 많은 송충이형 애벌레다. 뒷가슴과 첫째 배마디
위쪽의 혹 모양 돌기에 흑갈색 털들이 빽빽한데, 독
이 있으므로 만지지 않는 것이 좋다.

나비목 독나방과

나타나는 때 5~9월
사는 곳 숲 속, 산지와
　　　　가까운 정원,
　　　　경작지
먹이 여러 가지 풀과
　　　나무
몸 길이 25mm

■ 애벌레가 뽕나무 잎을 먹는다.(위)
■ 어린 애벌레들이 수수꽃다리 잎에 모여 있다.(왼쪽)
■ 어른벌레.(오른쪽)

나비목 독나방과

나타나는 때 4~9월
사는 곳 숲 속, 산지와 가까운 정원, 경작지
먹이 여러 가지 풀과 나무
몸 길이 23mm

흰독나방 *Euproctis similis*

무늬독나방의 애벌레와 매우 비슷하지만, 가슴 위쪽의 노란 무늬가 머리까지 이어지는 점이 다르다. 어린 애벌레는 모여 살며, 먹이식물의 잎을 막질만 남기고 먹는다. 털에는 독이 있다. 뽕나무, 사과나무, 버드나무 등을 먹는다. 4~9월에 새로운 개체가 여러 번 나타난다.

□ 지의류를 먹는 애벌레.(위)
□ 어른벌레.(아래)

톱날무늬노랑불나방 *Miltochrista ziczac*

몸은 검은색이지만, 흑갈색 털들로 덮여 있어서 원래 모양을 알아보기 힘들다. 마디마다 털뭉치가 있으며, 머리 쪽의 것이 더 풍성해 보인다. 자극을 받으면 몸을 구부리고 움직이지 않는다. 몸의 털과 실을 엮어 고치를 만들고 그 속에서 번데기가 된다.

나비목 불나방과

나타나는 때 10월~
　　　　　　 이듬해 5월
사는 곳 숲 속의 들판,
　　　　 암석 지대
먹이 암반 부착성
　　　 지의류
몸 길이 15mm

□ 지의류를 먹고 자라는 애벌레.(위)
□ 어린 애벌레.(왼쪽)
□ 어른벌레.(오른쪽)

나비목 불나방과

앞노랑불나방 *Eilema nankingica*

나타나는 때 6~7월
사는 곳 숲 속
먹이 수피 부착성
 지의류, 이끼류
몸 길이 15mm

어린 애벌레는 황회색에 별다른 무늬가 없지만, 다자란 애벌레는 송충이형으로 옆구리 쪽은 검고, 몸 위쪽은 황회색에 붉은색 털돌기들이 양쪽으로 줄지어 있다. 몸통의 중간 부분에는 넓고 검은 무늬가 있다. 나무껍질 틈에 고치를 만들고 그 속에서 번데기가 된다.

341

□ 애벌레가 신갈나무 잎을 먹는다.(위)
□ 어른벌레.(아래)

점박이불나방 *Agrisius fuliginosus*

송충이형 애벌레로, 몸은 노란색이지만, 머리와 배
끝이 주황색을 띠어 어느 쪽이 머리인지 구분하기
어렵다. 몸에 검은색 무늬들이 있으며, 털들은 긴
편인데, 특히 몸의 양 끝에 난 털이 길다. 건드리면
몸을 요동치며 땅으로 떨어진다. 이끼불나방류 중
에서는 특이하게 식물의 잎을 먹는다.

나비목 불나방과

나타나는 때 7~8월
사는 곳 숲 속
먹이 신갈나무
몸 길이 30mm

□ 다 자란 애벌레.(위)
□ 예덕나무에 대량으로 발생한 어린 애벌레들.(아래)

나비목 불나방과

수검은줄점불나방 *Lemyra imparilis*

나타나는 때 10월~
　　　　　이듬해 6월
사는 곳 숲 속, 산골의
　　　　마을 주변
먹이 여러 가지 나무
몸 길이 40mm

어린 애벌레는 몸이 황회색이고, 등 쪽의 털돌기들은 남색을 띤다. 다 자란 애벌레는 센 털이 난 송충이형으로, 몸은 검은 편이며, 등 쪽 가운데로 흰 줄이 선명하다. 혹 모양 털돌기들은 붉다. 자극을 받으면 몸을 옆으로 구부린다. 어린 애벌레는 먹이식물의 잎에 넓게 실을 쳐서 집을 만들고 모여 산다.

343

줄점불나방 *Spilarctia seriatopunctata*

어린 애벌레는 밝은 오렌지색을 띠고, 듬성듬성 센
털들이 있다. 다 자란 애벌레는 몸의 위쪽이 넓게
흑갈색을 띠고, 털돌기에 길고 센 털이 났다. 센 털
들을 실로 엮어 고치를 만들고 그 속에서 번데기가
된다. 산딸기, 환삼덩굴, 달맞이꽃 등을 먹는다.

나비목 불나방과

나타나는 때 8~9월
사는 곳 숲 속, 들판,
　　　정원, 공원
먹이 여러 가지 풀과
　　　나무
몸 길이 40mm

□ 다 자란 애벌레. 식물을 가리지 않고
　잘 먹는다.(위)
□ 어린 애벌레.(왼쪽)
□ 어른벌레.(오른쪽)

나비목 불나방과

나타나는 때 6월,
　　　　　　9~11월

사는 곳 숲 속,
　　　　　산골의 경작지

먹이 여러 가지 풀과
　　　나무, 농작물

몸 길이 60mm

흰제비불나방 *Chionarctia nivea*

센 털이 빽빽한 송충이형 애벌레다. 어린 애벌레는
몸이 흑갈색을 띠고, 등 쪽 가운데로 오렌지색 줄무
늬가 있다. 다 자란 애벌레는 등 쪽이 넓게 흑갈색
을 띠고, 털돌기와 센 털들은 갈색을 띤다. 번데기
가 될 무렵에는 돌 밑에서도 자주 발견된다. 자극을
받으면 몸을 말고 센 털들을 곧추세운다.

□ 도심의 가로수에서 흔히 볼 수 있는 애벌레. 북미 원산으로 북반구 전체에 퍼져 있다.

미국흰불나방 *Hyphantria cunea*

길고 흰 털이 빽빽한 송충이형 애벌레다. 몸 위쪽은
흑회색에 검은 털돌기들이 있고, 옆구리와 아래쪽
은 연두색에 오렌지색 털돌기들이 있다. 어린 애벌
레들은 모여 사는데, 실을 엮어 크게 집을 짓는다.
침엽수, 활엽수, 풀 등을 먹는다. 6~9월에 두 번 새
로운 개체가 나타난다.

나타나는 때 6~9월
사는 곳 가로수, 정원,
　　　　　　과수원, 공원
먹이 풀과 나무 대부분
몸 길이 30mm

346

□ 애벌레 옆모습.(위)
□ 뽕나무에 피해를 주는 어린 애벌레들.(왼쪽)
□ 어른벌레.(오른쪽)

□ 애벌레. 아무 풀이나 잘 먹는다.(위)
□ 짝짓기 하는 어른벌레.(아래)

노랑애기나방 *Amata germana*

장미알락나방의 애벌레와 비슷하지만, 몸집이 훨씬 크다. 몸은 검고, 혹 모양 털돌기에 흰 털들이 방사상으로 난다. 민들레, 망초, 벚나무 등 활엽수의 잎과 풀을 가리지 않고 잘 먹는다.

나비목 불나방과

나타나는 때 3~4월, 9월
사는 곳 산골 마을 주변, 숲 가장자리
먹이 여러 가지 풀과 나무
몸 길이 20mm

□ 애벌레가 떡갈나무 잎을 먹는다.

나비목 혹나방과

나타나는 때 5월
사는 곳 숲 속
먹이 떡갈나무
몸 길이 7mm

작은물결무늬혹나방 *Meganola parki*

물결무늬혹나방과 비슷하게 생겼으나, 먹이식물은
완전히 다르다. 잎 뒷면 굵은 맥 근처의 파인 곳에
숨어 있다. 이 종은 신종으로 기재되었으나, 정식
발표는 되지 않았다. 나중에 분류학적으로 검토할
예정이다.

□ 애벌레가 쪽동백을 먹는다.

물결무늬혹나방 *Meganola gigantoides*

나비목 혹나방과

쐐기나방의 애벌레와 비슷한 모습이다. 몸은 우윳빛에 약간 녹색을 띠고, 가장자리를 따라 센 털이 난 돌기들이 있다. 주로 먹이식물의 잎 뒷면 굵은 맥 근처의 파인 곳에 숨어 있다. 잎 위에서 두터운 고치를 만들고 번데기가 된다.

나타나는 때 5월
사는 곳 숲 속
먹이 쪽동백
몸 길이 10mm

□ 애벌레가 모감주나무의 나무껍질을 먹고 있다. 이끼불나방류의
　애벌레를 닮았다.(위)
□ 어른벌레.(아래)

나비목 혹나방과

나타나는 때 8~9월
사는 곳 숲 속, 과수원,
　　　　　산지 근처 정원
먹이 여러 가지 나무
몸 길이 13mm

흰혹나방 *Nola taeniata*

머리에는 검은색 눈썹 모양 무늬가 있다. 몸은 흑갈
색에 위쪽은 갈색이며, 가운데로 황색 줄무늬가 있
다. 몸 가장자리를 따라 있는 털돌기들은 붉은색을
띤다. 중국에서는 목화와 뽕나무가 먹이식물로 기
록되었지만 감나무 잎 등 여러 가지를 먹고, 모감주
나무의 껍질을 먹는 것도 관찰되었다.

351

■ 개암나무 잎에서 채집한 애벌레.

사과혹나방 *Mimerastria mandschuriana*

나비목 혹나방과

나타나는 때 5월
사는 곳 숲 속
먹이 느릅나무,
신갈나무
몸 길이 10mm

약간 길쭉한 쐐기벌레를 닮았다. 몸은 우윳빛이나, 털돌기가 있는 곳은 흑갈색 무늬들이 보인다. 털돌기에 돋는 털들은 길며, 특히 몸의 앞쪽 등에 있는 털뭉치들은 흑갈색으로 두드러져 보인다. 허물벗기를 하면서 생기는 허물들을 머리에 탑처럼 붙이고 다니는 습성이 있다.

□ 애벌레가 벚나무 잎을 먹는다.(위)
□ 네 살 애벌레.(아래)

나비목 밤나방과

나타나는 때 7~8월
사는 곳 숲 속
먹이 벚나무류
몸 길이 30mm

배노랑버짐나방 *Trichosea champa*

송충이형 애벌레로, 몸은 검고 옆쪽에 흰 털들이 많다. 등 쪽 가운데 붉은 줄무늬와 흰 점들이 있다. 가슴 위쪽에는 흑갈색의 센 털들이 있다. 어린 애벌레는 모여서 먹이식물을 먹다가 다 자라면 흩어진다.

□ 애벌레가 숲 바닥을 기고 있다.

높은산저녁나방 *Moma alpium*

나비목 밤나방과

송충이형 애벌레로, 몸에 털이 많은데 대체로 털받침의 색깔과 같다. 등 쪽에는 검고 흰 무늬가 있다. 뒷가슴과 둘째·다섯째 배마디의 등 쪽 털받침은 희고 넓으며, 나머지 털받침은 갈색이다. 신갈나무, 상수리나무, 자작나무 등을 먹는다.

나타나는 때 7월
사는 곳 숲 속
먹이 여러 가지 나무
몸 길이 30mm

□ 애벌레가 벚나무 잎을 먹는다.(위)
□ 어린 애벌레.(아래)

나비목 밤나방과

나타나는 때 7월
사는 곳 숲 속, 정원, 과수원
먹이 장미과 식물
몸 길이 25mm

벚나무저녁나방 *Acronicta adaucta*

풀색 몸에 등 쪽을 따라 흑갈색 무늬가 있는데, 다 자란 애벌레에서는 이 부분이 넓어지고 서로 이어 진다. 어린 애벌레는 먹이식물의 옆면을 실로 엮어 텐트 같은 집을 만들고 그 속에서 산다. 사과나무, 벚나무, 복숭아나무 등 장미과 식물을 먹는다.

■ 애벌레가 오리나무 잎을 먹는다.(위)
■ 애벌레 옆모습.(아래)

오리나무저녁나방 *Acronicta cuspis*

무늬독나방의 애벌레와 비슷하게 생겼지만, 뒷가슴
위의 혹 모양 돌기에 난 털뭉치가 긴 것이 다르다.
등 쪽에 난 노란 줄 양 옆으로 희고 붉은 점이 있다.

나비목 밤나방과

나타나는 때 8~9월
사는 곳 숲 속,
　　　　　계곡 주변
먹이 오리나무,
　　　물오리나무
몸 길이 40mm

□ 애벌레가 모과나무 잎을 먹고 있다.

나비목 밤나방과

나타나는 때 7월
사는 곳 숲 속, 정원,
　　　　　　과수원
먹이 모과나무,
　　　　사과나무 등
몸 길이 40mm

쌍칼무늬저녁나방 *Acronicta tridens*

흰독나방의 애벌레와 비슷하게 생겼는데, 크고 긴 털들의 끝이 흰색이라 구분된다. 털에 독은 없다.

■ 애벌레가 벚나무 잎을 먹고 있다.

사과저녁나방 *Acronicta intermedia*

나비목 밤나방과

흰독나방의 애벌레와 매우 비슷하나, 몸이 더 길쭉하고, 털들도 길다. 먹이식물의 잎을 엮고 그 속에서 번데기가 된다. 사과의 해충으로 알려져 있으나, 큰 피해를 준 사례는 없다.

나타나는 때 7~8월
사는 곳 숲 속
먹이 벚나무류, 배나무, 사과나무 등
몸 길이 30mm

□ 풀과 나무 등 가리지 않고
　잘 먹는다.(위)
□ 황색형 애벌레.(왼쪽)
□ 어른벌레.(오른쪽)

나비목 밤나방과

나타나는 때 5~10월
사는 곳 숲, 들판,
　　　　　경작지, 하천변,
　　　　　공원, 정원
먹이 여러 가지 풀과
　　　나무
몸 길이 30mm

배저녁나방 *Acronicta rumicis*

몸이 검고, 옆구리 쪽에 폭이 넓고 노란 줄이 있으며, 숨구멍을 따라 빨간 점들이 있다. 등 쪽의 털뭉치들은 회색이지만, 황갈색을 띠는 개체도 있다. 첫째 배마디 위의 센 털은 흑갈색인데, 독은 없다. 저녁나방류 중에는 특이하게 나무보다 소리쟁이, 쥐똥나무, 기린초, 좁쌀풀 등 풀을 좋아한다.

□ 애벌레 옆모습.(위)
□ 왕쥐똥나무 잎을 먹는
　애벌레.(왼쪽)
□ 어른벌레.(오른쪽)

쥐똥나무저녁나방 *Craniophora ligustri*

몸은 백록색, 머리와 옆구리 쪽은 풀색이다. 가장자리에는 흰 띠가 있다. 먹이식물의 잎과 가지를 엮어 방을 만들고 그 속에서 번데기가 된다.

나비목 밤나방과

나타나는 때 9~10월
사는 곳 숲 속
먹이 쥐똥나무,
　　　물푸레나무
몸 길이 30mm

■ 다 자란 애벌레가 담쟁이덩굴을
　먹는다.(위)
■ 네 살 애벌레.(왼쪽)
■ 어른벌레.(오른쪽)

나비목 밤나방과

나타나는 때 6~8월
사는 곳 숲 가장자리,
　　　　　 산지 근처 정원,
　　　　　 담벼락
먹이 포도나무류
몸 길이 45mm

기생얼룩나방 *Sarbanissa venusta*

애벌레의 몸은 흰색과 검은색, 황색이 무늬를 이루는
데, 첫째·둘째·셋째·일곱째·여덟째 배마디는 넓
게 검다. 몸에 난 털은 길지만 강하지 않고, 털이 난
자리는 혹 모양으로 솟았다. 사진에서 머리 뒤쪽의
갈색 부위는 허물을 벗은 뒤 머리가 될 부분이다.

□ 어린 애벌레. 담쟁이덩굴을 먹는다.(위)
□ 어른벌레.(아래)

뒷노랑얼룩나방 *Sarbanissa subflava*

애벌레는 기생얼룩나방과 비슷하지만, 가운뎃가슴
과 뒷가슴의 위쪽이 희고, 첫째부터 셋째 배마디도
넓게 검은색을 띠지 않는다. 어린 애벌레는 약간 짤
막하지만 무늬는 다 자란 애벌레와 같다. 담쟁이덩
굴, 거지덩굴, 왕머루, 포도나무 등을 먹는다.

나비목 밤나방과

나타나는 때 6~7월,
9월
사는 곳 숲 속
먹이 다래나무, 개머루,
담쟁이덩굴
몸 길이 40mm

362

□ 다 자란 애벌레.(위)
□ 어린 애벌레가 선밀나물을
먹고 있다.(왼쪽)
□ 짝짓기 하는 어른벌레.(오른쪽)

나비목 밤나방과

나타나는 때 5~6월
사는 곳 숲 속
먹이 선밀나물, 밀나물,
　　　청미래덩굴
몸 길이 40mm

애기얼룩나방 *Mimeusemia persimilis*

머리는 검고, 노란 몸에 검은 세로줄이 많다. 가슴과
배 끝 부분은 짙은 오렌지색을 띤다. 어린 애벌레는
다 자란 애벌레와 비슷하나 몸이 약간 홀쭉하다.

□ 애벌레가 장미 잎을 먹고 있다.(위)
□ 어른벌레.(아래)

왕담배나방 *Helicoverpa armigera*

나비목 밤나방과

털받침이 솟아서 울퉁불퉁한 애벌레다. 몸빛은 녹색형, 갈색형, 검은색과 노란색이 어우러진 것 등이 있는데, 어느 것이나 옆구리 쪽은 밝은 색이다. 목화나 고추, 담배 등 각종 농작물, 장미나 참오동 등 여러 가지의 잎과 열매, 새순을 먹어 농작물에 피해를 준다. 꽃에서도 더러 발견된다.

나타나는 때 8~10월
사는 곳 정원, 공원, 경작지
먹이 여러 가지 풀과 나무
몸 길이 30mm

□ 개미의 공격을 받는 애벌레.

나타나는 때 8월~
　　　　　　　이듬해 4월
사는 곳 경작지,
　　　　　산골 마을 주변
먹이 여러 가지
　　　농작물과 풀
몸 길이 45~50mm

거세미나방 *Agrotis segetum*

몸은 회갈색이며, 사마귀 모양 털받침은 흑갈색이
다. 낮에는 주로 땅 위의 돌 밑이나 얕은 흙 속에 숨
어 있다가, 밤이 되면 나와 식물의 싹을 먹어 치운
다. 담배와 무 등 여러 가지의 농작물과 풀의 뿌리
부터 줄기, 잎까지 잘 먹어 사육하기 쉬운 종이다.
땅 속에서 번데기가 된다.

□ 새콩 잎에서 발견한 애벌레.(위)
□ 어른벌레.(아래)

썩은밤나방 *Axylia putris*

회갈색 몸에 마디를 따라 등 쪽에 흑갈색 무늬가 있고, 등 쪽 가운데로는 흰 점들이 늘어선다. 배 끝은 넓어져 육각형을 띠고, 가슴 앞쪽으로는 급히 좁아져 상대적으로 머리가 작아 보인다. 땅 속에서 번데기가 된다. 새콩, 민들레, 소리쟁이 등을 먹는다.

나타나는 때 9~10월
사는 곳 들판, 하천변, 경작지 주변, 빈 터
먹이 여러 가지 풀
몸 길이 30~35mm

□ 애벌레. 낮에는 돌 밑이나 흙 틈에 숨어 있다가 밤에 나와 여러 가지 풀들을 먹는다.

나비목 밤나방과

나타나는 때 3~5월
사는 곳 들판, 경작지
　　　　주변, 하천변,
　　　　빈 터
먹이 질경이, 망초 등
　　　여러 가지 풀
몸 길이 40mm

물결밤나방 *Diarsia canescens*

배 끝 쪽이 약간 뭉툭한 편이다. 몸은 갈색인데, 등 쪽은 넓게 밝은 회갈색을 띠고, 그 양쪽은 띠를 이룬다. 윗면을 따라 연하게 'V'자 형의 흑갈색 무늬가 있는데, 여섯째·일곱째 배마디의 것은 특히 진하고 두드러져 보인다. 자극을 받으면 몸을 'C'자 형으로 구부린다.

■ 애벌레가 느티나무 잎을
먹고 있다.(위)
■ 위에서 본 애벌레.(왼쪽)
■ 어른벌레.(오른쪽)

북극선녀밤나방(오얏나무밤나방) *Perigrapha munda*

머리는 갈색, 몸은 흑갈색에 등 쪽은 넓게 회갈색을
띤다. 옆구리는 회색으로 밝은데, 숨구멍을 따라 물
결 모양을 이룬다. 신갈나무, 벚나무 등 먹이식물의
잎을 접거나 엮어 그 속에서 산다. 다 자란 애벌레
는 잎 위에서 지내며, 가끔 땅 위에서도 애벌레가
발견된다.

나타나는 때 5~6월
사는 곳 숲 속
먹이 여러 가지 나무
몸 길이 30mm

368

■ 다 자란 애벌레가 신갈나무 잎을
　먹고 있다.(위)
■ 네 살 애벌레가 신나무 잎을
　먹고 있다.(왼쪽)
■ 어른벌레.(오른쪽)

나타나는 때 5월
사는 곳 숲 속
먹이 여러 가지 나무
몸 길이 30mm

주홍띠밤나방 *Orthosia evanida*

머리와 몸은 밝은 녹회색이나 연두색을 띤다. 온몸
에 흰 물방울 무늬가 있고, 여덟째 배마디에 흰 가
로줄이 선명하다. 어린 애벌레는 머리가 상대적
으로 크며, 땅 속에서 번데기가 된다. 신갈나무, 느
릅나무, 줄딸기, 병꽃나무 등을 먹는다.

□ 어린 애벌레가 잎을 엮고 숨어 있다.(위)
□ 애벌레가 신갈나무 잎을 먹는다.(아래)

한일무늬밤나방 *Orthosia carnipennis*

나비목 밤나방과

머리가 약간 크고 갈색인데, 어린 애벌레는 검은색
이다. 몸은 회색이며, 앞가슴등판은 검고, 등 쪽 가
운데와 그 양쪽으로 흰 띠가 있다. 몸의 각 마디를
따라 검은 무늬가 있는데, 개체에 따라 갈색을 띠기
도 한다. 먹이식물의 잎 한두 장을 겹치고 그 사이
에 풍선 모양의 집을 짓고 산다.

나타나는 때 5~6월
사는 곳 숲 속, 공원
먹이 신갈나무, 벚나무,
느티나무
몸 길이 40mm

■ 애벌레가 신갈나무 잎을
　먹고 있다.(위)
■ 녹색형 애벌레.(왼쪽)
■ 어른벌레.(오른쪽)

나비목 밤나방과

나타나는 때 5월
사는 곳 숲 속
먹이 신갈나무,
　　　자작나무,
　　　야광나무 등
몸 길이 32mm

곧은띠밤나방 *Orthosia paromoea*

온몸이 흰연두색을 띠거나, 등 쪽이 검은 것도 있
고, 회색을 띠는 것, 그들의 중간색인 것도 있다. 녹
색형은 머리도 풀색이지만, 회색형은 황색, 흑색형
은 검은색이다. 등 쪽 가운데와 그 양쪽에 흰 무늬
가 있고, 여덟째 배마디 가로줄은 공통적이다. 먹이
식물의 잎을 실로 성기게 엮고 그 속에서 산다.

□ 애벌레가 신갈나무 잎을 먹고 있다.(위)
□ 어른벌레.(아래)

고동색밤나방 *Orthosia odiosa*

나비목 밤나방과

나타나는 때 5월
사는 곳 숲 속
먹이 여러 가지 풀과
　　　 나무
몸 길이 30∼40mm

얼핏 보면 니토베가지나방의 애벌레와 매우 닮았으
나, 배다리의 개수가 다르다. 녹회색 몸이 흰 분으
로 덮여 있으며, 마디 사이 주름 부분에는 흰 분이
적다. 어린 애벌레는 신갈나무, 개암나무, 이삭여뀌
등 먹이식물의 잎을 한 번 말고 그 속에서 산다.

□ 애벌레가 개암나무 잎을 먹고 있다.(위)
□ 어린 애벌레가 신갈나무 잎을 먹고 있다.(왼쪽)
□ 어른벌레.(오른쪽)

나비목 밤나방과

나타나는 때 5월
사는 곳 숲 속
먹이 신갈나무, 벚나무,
　　　버드나무
몸 길이 40mm

가흰밤나방 *Orthosia limbata*

같은 속의 다른 종과 달리 애벌레 몸에 긴 털이 있
다. 머리는 검고, 등 쪽은 검은 보라색, 옆구리는 오
렌지색을 띠며, 등 쪽 가운데 흰 띠가 있다. 먹이식
물의 잎을 엮어 텐트처럼 만들고 그 속에서 산다.
다 자란 애벌레는 밖으로 나와서 잎을 먹는데, 이
때 자극을 주면 머리와 가슴을 젖힌다.

뒷보라밤나방 *Orthosia ella*

몸의 위쪽은 갈색, 아래쪽은 황연두색이다. 등 쪽에 흰 점과 흰 줄무늬가 있다. 숨구멍 근처와 각 마디에 흑갈색 무늬가 있는데, 개체에 따라서는 이 부분이 넓어 전체적으로 어둡게 보이거나, 반대로 엷어져 밝게 보이기도 한다. 쑥이나 멍석딸기의 끝 쪽잎을 모아 방을 만들고 그 속에서 산다.

나비목 밤나방과

나타나는 때 5~6월
사는 곳 산길, 들판
먹이 멍석딸기, 쑥, 고삼 등
몸 길이 45mm

374

□ 애벌레가 고삼을 먹고 있다.

나타나는 때 6월, 10월
사는 곳 숲 가장자리,
　　　　 들판, 경작지
먹이 여러 가지 풀과
　　 나무
몸 길이 45mm

뒤흰도둑나방 *Sarcopolia illoba*

몸은 갈색이고, 황백색 가로줄이 있다. 등 쪽에 흰색 물방울 무늬가 줄지어 있다. 낮에 식물에서 움직이지 않거나, 돌 밑에 있는 애벌레도 눈에 띈다. 경작지에서는 작물에 피해를 주기도 한다. 소리쟁이, 고삼 등 여러 가지 풀과 나무를 먹는다.

375

■ 애벌레가 무밭에서 작물을 먹고 있다.

도둑나방(배추밤나방) *Mamestra brassicae*

애벌레의 몸빛에 변화가 많은 종이다. 보통은 어두운 갈색에 넓은 황백색 가로줄이 있으나, 사진처럼 몸 전체가 엷은 색을 띠는 것도 있다. 배추나 무밭에서 흔히 눈에 띠며, 주로 저녁에 농작물, 쥐똥나무, 팽나무 등을 먹는다.

나비목 밤나방과

나타나는 때 6~7월,
　　　　　　9~10월
사는 곳 경작지, 정원
먹이 여러 가지 농작물
몸 길이 40mm

376

■ 애벌레가 새풀을 먹고 있다.(위)
■ 해안가에도 사는 애벌레.(아래)

나비목 밤나방과

나타나는 때 6월,
　　　　　　9~10월
사는 곳 논, 정원,
　　　　　공원, 바닷가
먹이 벼과 농작물,
　　　잔디, 갯보리 등
몸 길이 35~40mm

멸강나방 *Mythimna separata*

머리는 갈색이며, 몸은 황갈색이나 갈색 혹은 어두운 회갈색을 띤다. 몸에 세로줄이 여러 개 있으며, 등 쪽 가장자리의 흰 줄무늬 안쪽은 마디를 따라 검다. 잔디나 벼과 작물에 크게 발생하여 피해를 주기도 한다. 벼과 식물이 많은 해변의 모래밭에서도 볼 수 있다.

□ 애벌레가 쑥을 먹는데, 쑥 꽃과 비슷하게 생겼다.

점곱추밤나방 *Cucullia maculosa*

애벌레의 몸빛과 등 쪽의 돌출부가 매우 특징적인데, 쑥 꽃에 붙어 있으면 애벌레가 잘 보이지 않는다. 먹이식물을 먹고 자라다가 땅 속에서 번데기가 된다.

나비목 밤나방과

나타나는 때 9~10월
사는 곳 들판,
　　　　　경작지 주변
먹이 참쑥 등 쑥 가지
몸 길이 35mm

□ 애벌레가 왕고들빼기를 먹고 있다.

나비목 밤나방과

나타나는 때 7~9월
사는 곳 들판, 경작지
　　　　　주변, 하천변
먹이 왕고들빼기,
　　　선씀바귀,
　　　가시상치 등
몸 길이 45mm

맵시곱추밤나방 *Cucullia fraterna*

머리는 검고, 몸은 오렌지색에 검은 무늬가 있어 알록달록하다. 귀화식물인 가시상치를 먹어 잡초를 없애는 데 유용한 종이다. 흙 속에서 번데기가 된다.

□ 여러 가지 풀과 나뭇잎을 먹는 애벌레.

이른봄밤나방 *Xylena formosa*

어린 애벌레는 흰연두색에 흰 가로줄이 있지만, 다자란 애벌레는 갈색 몸에 흰 가로줄이 가늘고, 앞가슴등판은 흑갈색이며, 양쪽에 흰 줄무늬가 있다. 비교적 흔하게 볼 수 있는 애벌레다. 자극을 받으면 가슴 앞쪽을 안으로 구부린다. 신갈나무, 국수나무, 벚나무, 오이풀 등을 먹는다.

나비목 밤나방과

나타나는 때 5~6월
사는 곳 숲 속이나 산길 주변
먹이 여러 가지 풀과 나무
몸 길이 60mm

- □ 애벌레 옆모습.(위)
- □ 어린 애벌레.(왼쪽)
- □ 어른벌레.(오른쪽)

□ 애벌레가 갈매나무 잎을 먹고 있다.(위)
□ 위험을 느끼고 상체를 젖힌 애벌레.(아래)

털보밤나방 *Brachionycha nubeculosa*

나비목 밤나방과

머리가 큰 편이며, 몸은 백록색이나 연두색이다. 털
받침은 연노란색 물방울 무늬를 이룬다. 가운뎃가
슴과 뒷가슴 옆쪽으로 비스듬한 노란색 무늬가 있
고, 여덟째 배마디와 항문다리 근처에도 노란 가로
줄이 있다. 자극을 받으면 상체를 젖히고 움직이지
않는다. 여러 가지 나무를 먹는다.

나타나는 때 5월
사는 곳 숲 속
먹이 갈매나무,
신갈나무,
귀룽나무
몸 길이 50mm

382

□ 다 자란 애벌레가 벚나무 잎을 먹고 있다.(위)
□ 어린 애벌레. 먹이식물의 잎을 대충 엮고 그 속에서 살다가 다 자라면 잎이나 땅 위를 기어다닌다. (왼쪽)
□ 어른벌레.(오른쪽)

나비목 밤나방과

나타나는 때 5월
사는 곳 숲 속
먹이 여러 가지 나무
몸 길이 40mm

떡갈나무밤나방 *Conistra ardescens*

몸 뒤쪽이 약간 넓어지는 거세미벌레형 애벌레다. 어린 애벌레는 백록색에 등 쪽만 약간 갈색을 띠나, 자라면서 전체적으로 갈색을 띤다. 다 자란 애벌레는 등 쪽에 마디를 따라 연갈색 세모꼴 무늬가 한 쌍씩 나타난다. 앞가슴등판은 흑갈색이고, 흰 줄무늬가 있다.

□ 다 자란 애벌레가 신갈나무 잎을 먹는다.(위)
□ 어른벌레.(아래)

점줄무늬밤나방 *Conistra grisescens*

나비목 밤나방과

떡갈나무밤나방의 애벌레와 매우 비슷하며 대개 같이 발견되는데, 떡갈나무밤나방보다는 드물게 보인다. 등 쪽의 연갈색 세모꼴 무늬가 없고, 털받침이 흰 점으로 보이는 것이 다르다. 신갈나무, 벚나무 등 여러 가지 나무를 먹는다.

나타나는 때 5월
사는 곳 숲 속
먹이 여러 가지 나무
몸 길이 40mm

□ 다 자란 애벌레가 신갈나무 잎을 먹고 있다.(위)
□ 어린 애벌레.(아래)

나비목 밤나방과

나타나는 때 5월
사는 곳 숲 속
먹이 여러 가지 나무
몸 길이 40mm

북회색밤나방 *Lithophane venusta*

머리가 약간 큰 거세미벌레형 애벌레다. 흰연두색 몸에 옆구리를 따라 연노란색과 검은색 줄이 있다. 등 쪽의 털받침은 흰 점을 이루며, 가슴다리는 오렌 지색이다. 원래 초식성이지만, 먹이식물의 잎에 다 른 애벌레가 접근하면 잡아먹는 습성이 있다. 병꽃 나무, 산벚나무, 신갈나무 등 여러 가지를 먹는다.

□ 애벌레 옆모습.

굴빛밤나방 *Jodia sericea*

나비목 밤나방과

거세미벌레형 애벌레다. 머리는 연갈색이고, 몸은
어린 애벌레 때 백록색이지만, 자라면서 점차 등부
터 갈색이 되고, 다 자란 애벌레는 옆구리까지 갈색
을 띤다. 털이 자라는 곳은 흰 점으로 보인다. 자극
을 받으면 몸을 안쪽으로 만다. 신갈나무, 상수리나
무, 벚나무 등을 먹는다.

나타나는 때 5월
사는 곳 숲 속
먹이 여러 가지 나무
몸 길이 30mm

□ 애벌레가 신갈나무 잎을 먹는다.(위)
□ 어린 애벌레.(왼쪽)
□ 어른벌레.(오른쪽)

□ 다른 애벌레가 곁에 다가오는 것을 싫어한다.(위)
□ 애벌레 옆모습.(아래)

풀색톱날무늬밤나방 *Antivaleria viridimacula*

어린 애벌레는 백록색 몸에 털받침은 희고 혹처럼
솟는다. 다 자란 애벌레는 몸이 갈색을 띠고, 등 쪽
에 마디를 따라 'V' 자 형 흑갈색 무늬가 늘어선다.
앞가슴등판은 검은색이다.

나타나는 때 5월
사는 곳 숲 속
먹이 참나무류
몸 길이 35mm

□ 애벌레가 풀줄기에 붙어 있다.

나비목 밤나방과

나타나는 때 5~6월
사는 곳 들판, 경작지 주변, 산길
먹이 여러 가지 풀과 나무
몸 길이 40mm

까마귀밤나방 *Amphipyra livida*

약간 뚱뚱한 느낌의 애벌레로, 백록색 몸에 흰 세로 줄이 있는 단순한 형태. 나뭇잎보다는 주로 풀에 붙어 있는데, 유독 식물인 애기똥풀도 먹는 것을 관찰했다. 땅 속에서 번데기가 된다.

■ 애벌레가 다래나무에 붙어 있다.(위)
■ 어른벌레.(아래)

흰눈까마귀밤나방 *Amphipyra monolitha*

나비목 밤나방과

약간 뚱뚱한 애벌레로, 배 뒤쪽이 사각뿔 모양으로 솟았다. 몸은 풀색이고, 가로줄 무늬와 온몸의 물방울 무늬는 연노란색이다. 피라밑까마귀밤나방의 애벌레와 비슷한데, 가슴의 물방울 무늬가 작다. 자극을 받으면 상체를 들고 움직이지 않는다. 찔레, 신갈나무, 야광나무 등을 먹는다.

나타나는 때 5월
사는 곳 숲 속
먹이 여러 가지 나무
몸 길이 40mm

390

□ 애벌레가 청가시덩굴을 먹고 있다.

나비목 밤나방과

흰줄까마귀밤나방 *Amphipyra tripartita*

나타나는 때 5~6월
사는 곳 숲 속
먹이 청가시덩굴,
　　　밀나물
몸 길이 40mm

흰눈까마귀밤나방의 애벌레와 비슷하지만, 배 뒤쪽의 솟아오른 부분 끝이 뭉툭하다. 몸은 녹색인데, 가슴과 배 끝이 뿌옇다. 털받침이 있는 자리는 노란색 물방울 무늬를 이룬다. 자극을 받으면 상체를 세운다.

□ 애벌레가 소리쟁이 잎을 먹는다.

메밀거세미나방 *Trachea atriplicis*

나비목 밤나방과

머리는 갈색이고, 몸은 흑갈색이며, 옆구리 쪽은 회갈색이다. 온몸에 흰 물방울 무늬가 있으며, 여덟째 배마디 양쪽에는 오렌지색이나 흰색 타원형의 큰 점이 있다. 자극을 받으면 몸을 둥글게 만다. 메밀, 소리쟁이, 개여뀌 등 마디풀과 식물을 먹는다.

나타나는 때 9~10월
사는 곳 들판, 경작지 주변
먹이 마디풀과 식물
몸 길이 45mm

392

■ 잔디밭에서 볼 수 있는 애벌레.

나비목 밤나방과

나타나는 때 8~9월
사는 곳 들판, 공원,
　　　　　 정원
먹이 잔디,
　　　 벼과 농작물
몸 길이 30mm

잔디밤나방 *Spodoptera depravata*

몸은 여러 가지 색의 넓은 세로줄 무늬로 되어 있다. 대체로 등 쪽은 갈색 계열, 그 양쪽은 풀색, 가로줄 부분은 갈색, 그 아래쪽은 풀색 순이다. 등 양쪽에 검은 삼각형 무늬가 늘어선다. 한강변의 잔디밭에 대량으로 발생한 적이 있다. 잔디의 주요 해충이다.

□ 갈색형 애벌레.

담배거세미나방 *Spodoptera litura*

갈색형은 등 쪽의 양 옆을 따라 검은색 삼각형 무늬가 있지만, 회색형은 노란 줄무늬와 검은색 무늬가 어우러져 알록달록하다. 각종 풀을 먹으며, 경작지에서는 주요 해충으로 취급된다. 비교적 사육하기 쉬운 종이다.

나타나는 때 9월
사는 곳 마을 주변
빈 터, 밭,
연못 주변
먹이 여러 가지 풀과
나무, 농작물
몸 길이 35mm

□ 회색형 애벌레.(위)
□ 황갈색을 띠는 개체 변이.(왼쪽)
□ 어른벌레.(오른쪽)

□ 애벌레

모진밤나방 *Orthogonia sera*

수수하게 생긴 거세미벌레형 애벌레다. 회갈색 몸에 어두운 갈색 무늬들이 있는데, 마디를 따라 여덟 팔(八)자를 이룬다. 등 쪽 가운데를 따라 가늘고 흰 줄이 있는데, 가슴 쪽에서는 이 부분에 흰 점이 있다. 자극을 받으면 상체를 안쪽으로 구부린다. 쑥, 소리쟁이 등 여러 가지 풀을 먹는다.

나비목 밤나방과

나타나는 때 5월
사는 곳 들판,
경작지 주변
먹이 여러 가지 풀
몸 길이 35mm

□ 느티나무 잎을 먹는 애벌레.

나비목 밤나방과

나타나는 때 5월
사는 곳 숲 속,
　　　　　산지의 공원
먹이 느티나무,
　　　느릅나무 등
몸 길이 35mm

느릅밤나방 *Cosmia affinis*

머리가 작은 편이다. 몸은 연두색이고, 흰 세로줄이 있다. 숨구멍을 따라 독특한 무늬가 있는데, 검은색 'ㅅ'자 무늬가 물결 모양의 흰 띠로 연결된다. 먹이식물의 잎을 대충 엮고 그 속에서 산다. 산지 근처의 느티나무 가로수에 대량 발생하기도 한다.

□ 애벌레가 신갈나무 잎을 먹고 있다.

한국밤나방(주먹무늬밤나방) *Cosmia trapezina*

나비목 밤나방과

머리는 녹황색이고, 몸은 풀색부터 짙은 녹색까지 변화가 있다. 몸에 흰 세로줄이 있고, 가로줄은 특히 넓다. 털받침은 흰 테로 둘러싸인 검은 점을 이룬다. 신갈나무, 느티나무, 야광나무 등 먹이식물의 잎을 대충 엮고 그 속에서 산다.

나타나는 때 5~6월
사는 곳 숲 속
먹이 여러 가지 나무
몸 길이 30mm

▫ 다 자란 애벌레가 떡갈나무 잎을 먹는다.(위)
▫ 어린 애벌레. 먹이식물의 잎을 대충 엮고 그 속에 산다.(아래)

나비목 밤나방과

나타나는 때 5월
사는 곳 숲 속
먹이 참나무류
몸 길이 30mm

회색쌍줄밤나방 *Cosmia camptostigma*

어린 애벌레는 검은 몸에 흰 세로줄이 있는데, 다 자란 애벌레는 회갈색 몸에 노란 세로줄과 마디를 따라 검은 무늬가 있다. 옆구리 쪽은 노란색을 띠며, 등 쪽으로 물결 모양을 이룬다. 다 자란 애벌레를 건드리면 상체를 꼬고, 머리를 위로 향하게 해서 위협한다.

ㅁ 애벌레가 풍게나무 잎을 먹는다.

나비목 밤나방과

제주꼬마밤나방 *Cosmia achatina*

머리는 어두운 갈색이고 몸은 백록색인데, 가늘고
흰 세로줄 무늬가 여러 개 있다. 땅 속에서 번데기
가 된다.

나타나는 때 4~5월
사는 곳 숲 속
먹이 풍게나무, 팽나무
몸 길이 20mm

□ 애벌레가 버드나무 잎을 먹는다.(위)
□ 어른벌레.(아래)

나비목 밤나방과

나타나는 때 6월
사는 곳 계곡이나
　　　　　연못 주변,
　　　　　개울가

먹이 버드나무류
몸 길이 20mm

버들밤나방 *Ipimorpha retusa*

제주꼬마밤나방의 애벌레와 비슷하지만, 머리가 살구색인 점이 다르다. 고리버들 등 먹이식물의 잎을 엮어 방을 만들고 그 속에서 산다.

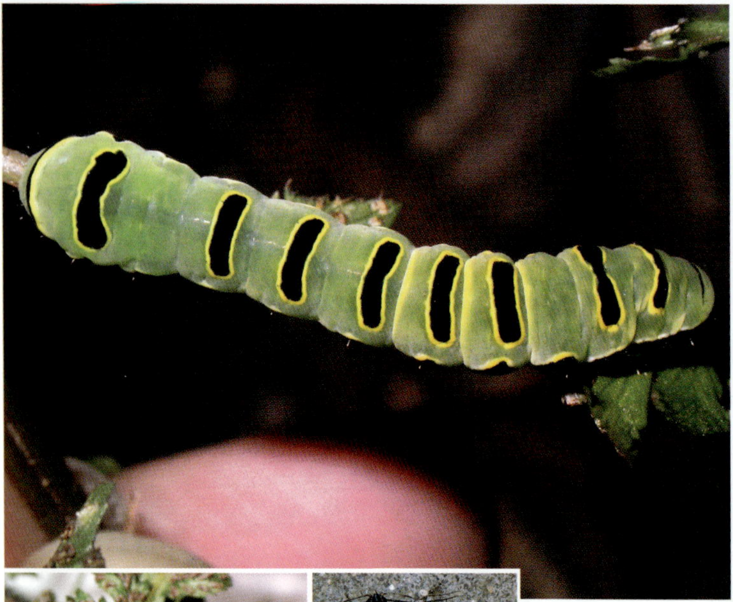

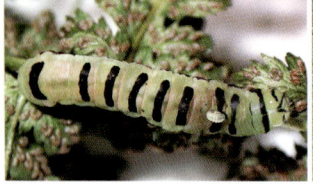

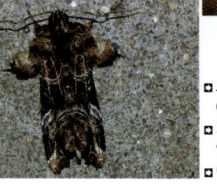

◘ 고사리류를 먹고 사는 애벌레.(위)
◘ 기생 당한 애벌레는 몸이 약간 붉은빛을 띤다.(왼쪽)
◘ 어른벌레.(오른쪽)

얼룩어린밤나방 *Callopistria repleta*

어린 애벌레는 풀색 몸에 흰 가로줄이 있어서 이른 봄밤나방과 비슷한데, 머리에 검은 줄이 있어 구별된다. 다 자란 애벌레는 등 쪽에 노란 테두리가 있는 검은색 가로 막대 무늬가 늘어서는데, 먹이식물인 고사리의 깃털 모양 잎과 비슷하여 몸을 보호한다. 땅 속에 들어가 번데기가 된다.

나비목 밤나방과

나타나는 때 9월
사는 곳 숲 속
먹이 고사리류
몸 길이 25mm

□ 쥐꼬리망초 등 여러 가지 풀을
　먹는 애벌레.(위)
□ 어린 애벌레.(왼쪽)
□ 어른벌레.(오른쪽)

나비목 밤나방과

나타나는 때 7월,
　　　　　9〜10월
사는 곳 숲 속, 개울가,
　　　　숲 근처의 들판
먹이 고사리류 등
　　　여러 가지 풀
몸 길이 25mm

구리밤나방 *Euplexia lucipara*

어린 애벌레는 백록색 몸에 흰 점이 있다. 다 자란 애벌레는 풀색 몸에 무늬는 어린 애벌레 때와 비슷한데, 여덟째 배마디의 튀어나온 곳에 있는 흰 점이 커진다. 물봉선, 쇠무릎, 쥐꼬리망초, 고사리 등 여러 가지 풀의 연한 잎을 좋아한다.

403

■ 애벌레가 붉나무 잎을 먹는다.(위)
■ 어른벌레.(아래)

비행기밤나방 *Eutelia geyeri*

나비목 밤나방과

항문다리가 뒤쪽으로 나와 보인다. 머리와 몸은 우
윳빛에 약간 황록색을 띠며, 다 자란 애벌레는 백록
색이다. 등 쪽 가장자리를 따라 흰 줄무늬가 있다.
먹이식물의 잎 뒷면에 붙어 있으며, 움직임은 활발
하지 않다.

나타나는 때 5~6월,
        8~9월
사는 곳 숲 속
먹이 붉나무
몸 길이 30mm

■ 다 자란 애벌레가 가죽나무 잎을 먹는다.(위)
■ 네 살 애벌레.(왼쪽)
■ 잎이나 줄기에 텐트 모양의 고치를 짓고,
　바깥쪽에 나무 부스러기를 붙여 위장한다.(오른쪽)

나비목 밤나방과

나타나는 때 9월
사는 곳 공원,
　　　　　　마을의 빈 터
먹이 가죽나무
몸 길이 45mm

가중나무껍질밤나방 *Eligma narcissus*

온몸이 노란색이며, 어린 애벌레 때는 마디를 따라 검은 점이 반복적으로 나타나지만, 다 자란 애벌레는 이 부분이 검은 가로줄이 되어 호랑 무늬를 이룬다. 개체마다 검은 줄의 굵기와 그 사이의 점이 다르다. 몸에 난 긴 털을 건드리면 머리를 흔들다가 나뭇잎에서 떨어진다.

ㅁ 애벌레가 상수리나무를 먹고 있다.

흰무늬껍질밤나방 *Negritothripa hampsoni*

약간 납작하게 생겼고, 몸은 황록색이지만, 등에 연
노란색 타원형 무늬가 두 줄로 늘어선다. 혹 모양
털받침에 센 털이 하나 나온다. 움직임은 느린 편이
며, 먹이식물 잎의 굵은 맥들은 남기고 먹는다.

나비목 밤나방과

나타나는 때 6~7월,
9~10월
사는 곳 숲 속
먹이 참나무류
몸 길이 20mm

■ 고욤나무에 붙어 있는 고치.

나비목 밤나방과

나무껍질밤나방 *Blenina senex*

나타나는 때 7~8월
사는 곳 숲 속,
　　　　농촌 주변
먹이 감나무, 고욤나무
몸 길이 35~40mm

애벌레의 몸은 풀색이고, 짙은 녹색의 가는 세로줄
이 있다. 털받침은 작고 흰 점을 이룬다. 고치만 확
인했으며, 애벌레는 일본의 기록을 참고했다. 만두
형 고치는 황색이며, 흑갈색 무늬가 있다. 고치를
만지면 속에 있는 번데기가 벽면을 두드리며 소리
를 낸다.

□ 애벌레가 능수버들 잎을 먹고 있다.(위)
□ 고치.(아래)

부채껍질밤나방 *Nycteola asiatica*

몸이 가는 편이고, 털은 약간 길다. 머리는 살구색
이고, 풀색 몸에는 별다른 무늬가 없다. 버드나무나
사시나무의 잎을 실로 엮어 집을 만들고 그 속에 모
여 산다. 고치는 흰색 만두형이다.

나비목 밤나방과

나타나는 때 5~8월
사는 곳 계곡이나
　　　　　연못 주변,
　　　　　호숫가, 공원
먹이 버드나무, 갯버들,
　　　은사시나무 등
몸 길이 15~20mm

□ 애벌레가 버드나무류의 잎을 먹는다.(위)
□ 어른벌레.(아래)

나비목 밤나방과

나타나는 때 9월
사는 곳 개울가
먹이 버드나무류
몸 길이 12mm

붉은가밤나방 *Earias pudicana*

약간 납작하며, 언뜻 보면 꽃등에류의 애벌레와 비슷하다. 흑갈색 몸에 등 쪽은 회갈색 무늬가 있는데, 넓어졌다 좁아졌다 하면서 마름모꼴을 이룬다. 갯버들 등 먹이식물의 끝 쪽 잎들을 엮고 그 속에서 산다.

□ 애벌레가 산철쭉 잎을 먹는다.

푸른밤나방류 *Earias* sp.

나비목 밤나방과

붉은가밤나방의 애벌레와 비슷한데, 긴 돌기가 있다. 움직임은 활발하지 않다. 어른벌레로 날개돋이 하는 것은 관찰하지 못했으나, 분홍무늬푸른밤나방과 가까운 종으로 생각된다. 어른벌레는 비슷하지만 애벌레의 형태는 다르므로, 최근 같은 동물로 처리된 2~3종에 대한 분류학적 재검토가 필요하다.

나타나는 때 9월
사는 곳 산지의 공원, 정원
먹이 산철쭉
몸 길이 12mm

□ 애벌레들이 붉나무 잎에 모여 산다.(위)
□ 고치.(아래)

나비목 밤나방과

은무늬모진애기밤나방 *Gabala argentata*

나타나는 때 8~9월
사는 곳 숲 속
먹이 붉나무
몸 길이 20~25mm

머리는 황회색이고, 흰연두색 몸에 황백색의 넓은 줄무늬가 있다. 먹이식물의 잎 뒷면에 거미줄같이 실을 엮어 집을 만든다. 보통 여러 마리가 모여 살며, 나이가 다른 애벌레들이 같이 있기도 한다. 고치는 자루가 달린 고깔 모양으로 황갈색이다.

□ 느릅나무 잎을 엮고 그 속에서 번데기가 될 준비를 하고 있다.(위)
□ 어른벌레.(아래)

점분홍꼬마밤나방 *Sophta subrosea*

나비목 밤나방과

나타나는 때 5월
사는 곳 숲 속
먹이 느릅나무
몸 길이 15mm

몸은 밝은 회색이고, 위쪽에 연보라색 줄무늬가 있다. 등 쪽에 짙은 녹색 무늬들이 마디를 따라 줄지어 있다. 털받침은 작고 검은색이다. 먹이식물의 잎을 대충 엮고 산다. 잎을 세로로 구부리고 텐트 같은 고치를 만들며, 그 속에서 번데기가 된다.

□ 애벌레가 수까치깨를 먹는다.(위)
□ 황갈색의 개체 변이.(왼쪽)
□ 어른벌레.(오른쪽)

나비목 밤나방과

노랑무늬꼬마밤나방 *Acontia bicolora*

나타나는 때 8~9월
사는 곳 숲 근처 들판,
산지의 마을
주변
먹이 수까치깨
몸 길이 20mm

자벌레형 애벌레로, 이동할 때도 자벌레처럼 움직인다. 가슴 부분은 상대적으로 부풀었다. 몸은 흑갈색이나 회갈색이며, 가로줄은 연노란색으로 가늘다. 숨구멍을 따라 오렌지색 점이 늘어선다.

□ 어린 애벌레. 환삼덩굴로 키울 수 있다.

쌔기풀알락밤나방 *Abrostola triplasia*

뒷가슴과 여덟째 배마디가 등 쪽으로 약간 솟은 형태다. 몸은 회갈색에 짙은 녹색 무늬들이 있는데, 등 쪽에서 보면 'V'자 형태로 늘어선다. 뒷가슴 위의 양쪽에 있는 흰 점이 크다.

나타나는 때 7~8월
사는 곳 들판,
경작지 주변,
마을의 빈 터
먹이 환삼덩굴,
모시물퉁이
몸 길이 30mm

□ 다 자란 애벌레가 망초의 잎을 먹고 산다.(위)
□ 네 살 애벌레.(오른쪽 위)
□ 애벌레들이 먹어 치운 망초 잎.(오른쪽 아래)

나비목 밤나방과

나타나는 때 7~8월
사는 곳 들판
먹이 망초
몸 길이 30~35mm

긴금무늬밤나방 *Ctenoplusia albostriata*

머리는 황색, 몸은 풀색이며, 아래쪽은 좀더 밝은
색이다. 몸에 백록색 줄무늬가 있고, 숨구멍은 검
다. 털받침은 작고 흰색이다. 귀화식물인 망초의 잎
을 모조리 먹어 치워 잡초를 없애는 데 유용한 종이
다. 잎을 엮고 그 속에 들어가 고치를 만들고 번데
기가 된다.

□ 애벌레가 진범 잎을 엮고 그 속에서 산다.(위)
□ 애벌레가 진범 잎을 말아 만든 집.(아래)

알락은빛밤나방 *Polychrysia splendida*

나비목 밤나방과

몸 뒤쪽이 약간 넓어진다. 머리는 연한 황색, 몸은
풀색이고 흰 줄무늬들이 있으며, 가로줄이 두드러
진다. 진범의 잎을 우산 모양으로 엮고 그 속에서
살다가 번데기가 된다. 먹이식물의 잎을 막질만 남
기고 먹는다.

나타나는 때 5~6월
사는 곳 숲 속,
　　　　　계곡 주변
먹이 진범
몸 길이 25mm

□ 애벌레가 왜제비꽃 잎을 먹고 있다.

나비목 밤나방과

붉은금무늬밤나방 *Chrysodeixis eriosoma*

나타나는 때 9~10월
사는 곳 정원, 밭, 시골 마을 주변, 개울가
먹이 여러 가지 풀과 농작물
몸 길이 35~40mm

머리는 밝은 황색이고, 털이 난 곳은 검다. 몸은 풀색이고, 가늘고 흰 세로줄이 여러 개 있다. 털받침은 희고, 숨구멍은 검다. 낮에는 주로 잎 뒷면에 가만히 붙어 있다. 왜제비꽃, 민들레, 소리쟁이 등 여러 가지의 풀과 농작물을 먹는다.

417

□ 애벌레가 느티나무 줄기에 붙어 있다.

깊은산노랑뒷날개나방 *Catocala deuteronympha*

나비목 밤나방과

비교적 큰 애벌레다. 몸은 암회색이며, 첫째·넷째·다섯째·여덟째 배마디의 등 쪽은 밝은 회색을 띤다. 적갈색 털받침은 사마귀처럼 튀어나왔다. 몸 아래쪽의 가장자리는 센 털들이 늘어선다. 보통 나무 줄기 등에 붙어 있는데, 보호색을 띠기 때문에 알아보기 어렵다.

나타나는 때 5월
사는 곳 숲 속, 산지의 가로수
먹이 느티나무, 느릅나무
몸 길이 70mm

나비목 밤나방과

꼬마노랑뒷날개나방 *Catocala duplicata*

나타나는 때 5월
사는 곳 숲 속
먹이 참나무류
몸 길이 50mm

자벌레형 애벌레로 몸이 약간 가늘며, 이동하는 모습도 자벌레와 같다. 몸은 녹갈색이고, 첫째·둘째·여섯째·여덟째 배마디의 등 쪽은 어두운 색이다. 첫째·둘째 배마디에 크고 흰 무늬가 한 쌍 있다. 털받침은 검은데, 등 쪽의 것은 약간 크고, 사마귀처럼 튀어나왔다.

419

□ 애벌레가 신갈나무 잎을 먹고 있다.

붉은뒷날개나방 *Catocala dula*

나비목 밤나방과

머리는 적갈색이고, 갈색 몸에 주황색 무늬가 있다.
털돌기들은 사마귀처럼 솟았다. 아래쪽 가장자리에
는 희고 센 털들이 늘어선다. 이동하는 모습은 자벌
레와 같다. 땅 속으로 들어가 번데기가 된다.

나타나는 때 5월
사는 곳 숲 속
먹이 참나무류
몸 길이 60mm

□ 애벌레가 마른 풀에 가만히 붙어 있다.

나비목 밤나방과

작은광대노랑뒷날개나방 *Catocala koreana*

나타나는 때 5~6월
사는 곳 숲 근처의
들판, 산길
먹이 조팝나무류
몸 길이 45mm

회갈색 몸에 흑갈색 세로줄이 있다. 다섯째 배마디의 등 쪽은 솟아 혹 같은 돌기가 있다. 털받침은 작고 검다. 마른 가지 따위에 붙어 있는데, 보호색을 띠어 알아보기 어렵다.

□ 어린 애벌레가 등나무에 붙어 있다.(위)
□ 네 살 애벌레.(아래)

노랑뒷날개나방 *Catocala patala*

나비목 밤나방과

밝은 회색 머리에 검은 줄무늬가 복잡하다. 몸은 황회색에 검은 세로줄이 있으며, 털받침은 작고 오렌지색이다. 다 자란 애벌레는 노란 가로줄이 나타난다. 주로 먹이식물의 잎맥에 붙어 있으며, 자벌레처럼 움직인다.

나타나는 때 6월
사는 곳 숲 근처 공원
먹이 등나무
몸 길이 60mm

■ 애벌레가 버드나무 잎을 먹는다.

나비목 밤나방과

나타나는 때 6월
사는 곳 계곡 주변,
　　　　　 개울가
먹이 버드나무류
몸 길이 70mm

회색붉은뒷날개나방 *Catocala electa*

머리는 갈색이고, 회색 몸은 얼룩졌으며, 털받침은 노란색이다. 다섯째 배마디 가운데 황백색 혹이 하나 있고, 여덟째 배마디에는 적갈색 뿔 모양의 작은 돌기가 한 쌍 있다. 낮에는 식물의 줄기에 붙어서 잘 움직이지 않는다.

□ 애벌레가 왕모시풀을 먹고 있다.

암청색줄무늬밤나방 *Arcte coerula*

연노란색 몸에 등 위쪽을 따라 검은 가로줄이 있어 호랑 무늬를 이룬다. 옆구리를 따라 검은 줄이 있고, 숨구멍 주변은 붉은색을 띤다. 온몸에 약간 긴 털이 났다. 낮에는 주로 잎 뒷면이나 줄기에 붙어 움직이지 않는다. 6~10월에 두 번 새로운 개체가 나타난다.

나비목 밤나방과

나타나는 때 6~10월
사는 곳 숲 가장자리,
산길 주변,
습한 들판
먹이 왕모시풀,
개모시풀, 거북꼬리
몸 길이 70~80mm

□ 애벌레가 마른 찔레 가지에 붙어 있다.(위)
□ 어른벌레.(아래)

나비목 밤나방과

나타나는 때 5~6월,
8월
사는 곳 숲 가장자리,
개울가
먹이 사위질빵
몸 길이 60mm

청백무늬밤나방 *Ercheia niveostrigata*

몸이 길쭉하며, 항문다리는 뒤로 나와 있다. 옅은
갈색 몸에 흑갈색 세로줄이 있다. 첫째 배마디 등
쪽에 흰 무늬가 한 쌍 있다. 죽은 찔레나무에서 발
견했으나, 근처의 먹이식물에서 옮겨 온 것으로 보
인다. 먹이식물은 일본의 기록을 참고했다.

□ 애벌레가 산딸기 잎을 먹고 있다.

흰띠수중다리밤나방 *Parallelia arctotaenia*

나비목 밤나방과

나타나는 때 7~10월
사는 곳 숲 속,
산지 근처 정원
먹이 여러 가지 나무
몸 길이 45mm

몸이 가늘고, 배 끝으로 좁아진다. 어두운 갈색 몸에 연한 갈색 세로줄 무늬가 번갈아 있다. 등 쪽 가운데는 황갈색을 띤다. 첫째 배마디 위쪽에 흰 무늬가 한 쌍 있다. 산딸기와 장미, 버드나무류 등 먹이 식물의 잎자루나 가지에 붙어 잘 움직이지 않는다. 이동할 때는 자벌레처럼 움직인다.

□ 애벌레가 광대싸리를 먹고 있다.(위)
□ 어른벌레.(아래)

나비목 밤나방과

나타나는 때 9~10월
사는 곳 숲 속
먹이 광대싸리
몸 길이 40mm

북방수중다리밤나방 *Dysgonia mandschuriana*

흰띠수중다리밤나방과 비슷하지만, 몸이 회색이고, 첫째 배마디의 무늬도 적갈색을 띤다. 온몸에 가늘고 검은 세로줄이 있다.

□ 어른벌레.(위)
□ 애벌레가 무궁화 줄기에 붙어 있다.(아래)

큰붉은밤나방(콤모다밤나방) *Anomis privata*

어린 애벌레는 녹색 몸에 가장자리를 따라 노란 줄무늬가 있으며, 털받침은 검다. 다 자란 애벌레는 몸이 회색으로 변하는데, 첫째부터 셋째·일곱째·여덟째 배마디에는 어두운 갈색 무늬가 있다. 무궁화 줄기에 가만히 붙어 있으며, 자벌레처럼 움직인다.

<table>
<tr><td colspan="2">나비목 밤나방과</td></tr>
<tr><td>나타나는 때</td><td>8~10월</td></tr>
<tr><td>사는 곳</td><td>공원, 정원,
가로수</td></tr>
<tr><td>먹이</td><td>무궁화</td></tr>
<tr><td>몸 길이</td><td>40mm</td></tr>
</table>

□ 산딸기 잎을 먹고 사는 애벌레.(위)
□ 애벌레의 몸에 난 털받침이
　뚜렷이 보인다.(왼쪽)
□ 어른벌레.(오른쪽)

나비목 밤나방과

나타나는 때 8~10월
사는 곳 숲 주변, 산길
먹이 산딸기류
몸 길이 35mm

무궁화잎밤나방 *Anomis mesogona*

풀색이나 녹색 몸에 가장자리를 따라 희미하게 황
백색 띠가 있다. 털받침은 작고, 흰 테두리가 있는
검은 점을 이룬다. 이름과 달리 산딸기에서 주로 보
인다. 건드리면 요동치며 땅으로 떨어진다.

■ 애벌레가 버드나무 잎을 먹고 산다.(위)
■ 어른벌레.(아래)

톱니밤나방 *Scoliopteryx libatrix*

목화잎밤나방과 비슷하지만, 등 쪽 가장자리의 노란 줄무늬가 보다 뚜렷하다. 먹이식물의 잎을 대충엮고 그 속에서 산다.

나비목 밤나방과

나타나는 때 5~7월
사는 곳 개울가,
산지의 계곡
주변
먹이 버드나무류
몸 길이 45mm

□ 어린 애벌레가 눈괴불주머니를 먹는다.

금빛갈고리밤나방 *Calyptra lata*

나타나는 때 5~6월
사는 곳 들, 담장 주변,
　　　　　숲 가장자리
먹이 산괴불주머니,
　　　눈괴불주머니,
　　　댕댕이덩굴 등
몸 길이 45mm

노란 머리에 검은 점이 있다. 어린 애벌레는 녹회색 몸에 등 쪽 가장자리를 따라 검은 점이 늘어서며, 다 자란 애벌레는 검은 몸에 회갈색 세로줄이 나타난다. 가만히 있을 때 첫째·둘째 배마디를 높이 드는 버릇이 있다. 먹이식물의 잎을 엮어 방을 만들고 그 속에서 번데기가 된다.

431

□ 애벌레가 새똥을 닮았다.(위)
□ 댕댕이덩굴을 먹는 애벌레.(왼쪽)
□ 어른벌레.(오른쪽)

은무늬갈고리밤나방 *Plusiodonta casta*

나비목 밤나방과

황회색 머리에 흑갈색 무늬가 있다. 몸은 검고, 군데군데 흰 무늬가 어우러져 새의 배설물처럼 보인다. 잘 움직이지 않으나, 이동할 때는 자벌레 운동을 한다. 먹이식물의 잎을 엮어 만든 방에서 번데기가 된다.

나타나는 때 8~9월
사는 곳 숲, 산길 주변
먹이 댕댕이덩굴
몸 길이 25mm

□ 어른벌레.(위)
□ 으름덩굴을 먹고 사는 애벌레.(아래)

나비목 밤나방과

나타나는 때 7~8월
사는 곳 숲 속
먹이 으름덩굴,
　　　댕댕이덩굴
몸 길이 60~70mm

으름밤나방 *Adris tyrannus*

큰 애벌레다. 몸은 녹갈색이나 흑갈색이고, 다섯째 배마디에 그물 모양의 흰 무늬가 있다. 둘째·셋째 배마디에 큰 눈알 무늬가 한 쌍 있는 것이 특징이다. 자극을 받으면 상체를 구부리고 배 끝을 들어 전체적으로 'S' 자 모양을 만든 뒤, 움직이지 않는다. 땅 속에서 번데기가 된다.

ㅁ 다 자란 애벌레가 산딸기 잎을 먹고 있다. 이동할 때는 자벌레처럼 움직인다.

애흰줄썩은잎밤나방 *Sypnoides fumosa*

몸이 가늘고, 항문다리가 뒤로 튀어나왔다. 머리는 갈색이고, 몸은 풀색이다. 등 쪽 가운데를 따라 검은 무늬가 늘어서 있는데, 다 자란 애벌레는 이 부분이 갈색을 띤다. 항문다리 근처에 흰 무늬가 있다. 어린 애벌레는 별다른 무늬가 없다. 보통 잎 뒷면에 굵은 맥을 따라 몸을 쭉 펴고 있다.

나타나는 때 5~6월, 8월
사는 곳 숲 주변의 들판, 산길
먹이 산딸기류, 찔레 등
몸 길이 50mm

□ 위에서 본 네 살 애벌레.(위)
□ 어린 애벌레.(왼쪽)
□ 어른벌레.(오른쪽)

□ 애벌레가 산사나무 줄기에 붙어 있다.

검은끝짤름나방 *Pangrapta obscurata*

갈색 머리에 검은 무늬가 있다. 몸은 보라색에서 짙은 갈색까지 변화가 있고, 셋째·넷째 배마디에는 흰 무늬가 지저분하다. 땅 속에서 번데기가 된다.

나비목 밤나방과

나타나는 때 7월, 10월
사는 곳 숲, 과수원
　　　　　주변
먹이 산사나무,
　　　사과나무,
　　　아그배나무 등
몸 길이 30mm

436

□ 애벌레가 신갈나무 잎을 먹는다.(위)
□ 어른벌레.(아래)

나비목 밤나방과

나타나는 때 6~7월
사는 곳 숲
먹이 참나무류
몸 길이 25mm

붉은띠짤름나방 *Gonepatica opalina*

머리는 흑갈색에서 회색까지 변화가 있고, 회갈색 몸에 마디를 따라 흑갈색 무늬들이 있으며, 털받침은 회색이다. 땅 속에 들어가 번데기가 되고, 그 상태로 겨울을 난다. 신갈나무, 상수리나무 등 참나무류를 먹는다.

■ 애벌레가 풀거북꼬리를
먹고 있다.(위)
■ 몸빛이 어두운 개체 변이.(왼쪽)
■ 어른벌레.(오른쪽)

뒷노랑수염나방 *Hypena amica*

황색 머리에 검은 점이 있다. 몸은 풀색이고 광택이
있으며, 털받침은 흑색이다. 개체에 따라 몸의 마디
에 어두운 색 무늬들이 발달하기도 한다. 건드리면
몸을 요동치면서 바닥으로 떨어진다. 거북꼬리, 풀
거북꼬리, 좀깻잎나무, 왕모시풀 등 여러 가지 풀을
먹는다.

나비목 밤나방과

나타나는 때 5~8월
사는 곳 산길이나
　　　　　계곡 주변,
　　　　　산지의 경작지
　　　　　주변

먹이 여러 가지 풀
몸 길이 25mm

■ 등에 역삼각형 무늬가 있는 애벌레.(왼쪽)
■ 마른 잎을 먹는 애벌레.(오른쪽)

나비목 밤나방과

나타나는 때 6~9월
사는 곳 낙엽이 깔린 숲 바닥
먹이 낙엽, 풀
몸 길이 15mm

갈색줄수염나방 *Herminia tarsicrinalis*

몸은 전체적으로 갈색을 띠는데, 등 쪽 가운데를 따라 흑갈색 역삼각형 무늬가 늘어선다. 주로 낙엽을 먹지만, 여뀌 등 살아 있는 잎도 먹는다.

■ 어린 애벌레가 낙엽을 먹고 있다.(위)
■ 어른벌레.(아래)

넓은띠담흑수염나방 *Hydrillodes morosa*

몸이 흑갈색이며, 표면은 약간 거친 느낌이다. 배마디는 옆으로 튀어나왔다. 등 쪽 가장자리를 따라 황회색 무늬가 있다. 어린 애벌레는 낙엽의 한쪽 면만 갉아먹는다.

□ 낙엽이 깔린 숲 바닥에 사는 애벌레.(왼쪽)
□ 어린 애벌레.(오른쪽)

나비목 밤나방과

나타나는 때 9~10월
사는 곳 낙엽이 깔린
숲 바닥
먹이 여러 가지 나무의
낙엽
몸 길이 20mm

줄수염나방류 *Paracolax sp.*

보라색 몸에 군데군데 황회색 무늬가 있다. 털받침
은 검은색이다. 주로 돌 밑에서 발견되며, 낙엽을
먹고 산다.

□ 애벌레가 이끼류를 먹고 있다.(위)
□ 번데기가 되기 위해 방을 만드는 애벌레.(아래)

물결수염나방류 *Sinarella sp.*

어두운 녹색 몸에 군데군데 보라색 무늬가 있다. 몸
에 길고 센 털이 났다. 이끼를 엮어 방을 만들고 그
속에서 번데기가 된다.

나비목 밤나방과

나타나는 때 7~8월
사는 곳 숲 속,
　　　　　계곡 주변
먹이 이끼류
몸 길이 15mm

애 벌레 기르기

애벌레 기르기

애벌레를 잘 기르기 위해서는 그들의 서식 환경과 요구 조건을 파악하는 것이 중요하다. 초식성인 애벌레가 육식성인 애벌레보다, 먹이의 범위가 넓은 종이 그렇지 않은 종보다 기르기 쉽다. 애벌레 전체에 통용되는 사육법은 없기 때문에 사육을 처음 시작하는 사람들은 몇 년 동안 시행착오를 각오해야 한다.

사육 용기 고르기

애벌레를 사육할 때 적절한 사육 용기를 고르는 것이 중요하다. 지나치게 작은 용기는 애벌레가 성장하는 데 지장을 주고, 애벌레들끼리 잡아먹는 공식(＝동종 포식, cannibalism) 현상을 일으킨다. 또 지나치게 큰 용기는 관리하고 수분을 보전하기 어렵다. 사육 용기는 밀폐되는 한편, 통기 구멍을 통해 공기가 드나들 수 있도록 해야 한다. 통기 구멍이 지나치게 크거나 많으면 애벌레가 도망가거나 빨리 건조되므로 주의한다.

여러 가지 사육 용기.

사육 용기에 통기 구멍을 만든다.

사육 용기에 여러 가지 애벌레들을 기르고 있다.

용기 내부를 촉촉하게

적절한 사육 용기를 택했다면, 애벌레의 습도 의존도를 고려해 매트를 만들어야 한다. 건조한 환경을 좋아하는 경우를 제외하고, 애벌레들은 대부분 건조에 취약한 편이다. 내 경험으로는 바닥에 화장지를 세 겹 정도 깔고 가장자리를 따라 물을 충분히 적셔 주면, 2~3일은 별다른 관리 없이 습도가 유지되었다. 썩은 나무나 퇴비 속에 사는 종은 아예 톱밥 등으로 매트를 두껍게 만든다.

애벌레 데려오기

사육 준비가 끝나면 애벌레를 구해야 한다. 야외에서 직접 채집한 애벌레는 서늘한 용기에 담아 빠른 시간 내에 사육실로 옮기는 것이 좋다. 채집 기간이 3일 이상인 경우, 아주 작은 곤충은 이 기간에 탈바꿈 과정을 거치므로, 나중에 무엇을 채집한 것인지 알기 어렵다. 따라서 애벌레의 채집과 동시에 사진이나 메모를 남겨 두고, 사정이 허락하는 대로 개체나 종별로 다른 용기에 나누어 담는 것이 바람직하다.

야외에서 구한 애벌레는 기생벌이나 기생파리류에 기생 당한 경우가 많다. 또 애벌레를 야외에서 실제 채집하기란 쉽지 않다. 이런 경우, 어른벌레를 산 채로 채집해 알을 받기도 한다. 이 때 받은 알에서 애벌레가 부화하기 전에 사육 준비를 해야 하고, 먹이식물 등에 대한 사전 지식이 있어야 한다. 사육하는 곤충의 먹이식물에 대한 정보가 없다면, 비슷한 종의 기록을 참고하거나 여러 종류의 먹이를 넣어 보고 어떤 먹이를 먹는지 알아본다.

애벌레 보살피기

먹이식물을 적절히 교체해 주는 것도 중요하다. 사육 용기에 매트가 수분을 충분히 머금고 있는 경우, 식물이 2~3일 먹을 수 있는 상태로 유지된다. 애벌레들의 배설물이 쌓여 매트가 더러워지면 매트를 갈아 준다. 이 때 허물벗기나 번데기가 될 준비 중이라면 가급적 건드리지 않는 것이 좋으므로, 매트 교체 시기를 약간 늦춘다.

매트에 쌓인 애벌레의 배설물.

진득하게 기다리기

번데기가 될 시기는 가장 조심스러운 기간인데, 상당히 많은 곤충의 애벌레들이 흙이나 낙엽 속에서 번데기가 된다. 나비 무리의 애벌레들은 화장지로 만든 매트 속에서도 번데기가 되는 경우가 많으나, 잎벌류나 딱정벌레류는 보다 두꺼운 매트가 필요하다. 이런 경우 톱밥이나 화분에 담는 흙을 깔아 주는 것도 한 방법이다.

번데기 기간은 오랜 기다림의 연속이다. 사육 용기에서 별다른 변화가 없이 지나가는 이 기간에 사육가들의 관심이 멀어지는 경우가 많다. 번데기 기간에는 조바심 치지 말고 충분히 기다리되, 자주 들여다보며 매트가 마르지 않게 관리한다. 번데기 상태로 겨울을 나는 종들은 어른벌레로 날개돋이 시키기가 쉽지 않다. 간혹 난방 시설 때문에 예정보다 일찍 날개돋이 하기도 하나, 대부분 어른벌레를 보기 전에 말라 죽는다.

애벌레를 정성껏 길러서 마침내 어른벌레를 볼 때의 감동은 말로 표현하기 어렵다. 이번 기회에 여러분도 '곤충 베이비시터'가 되어 본다면 무엇을 이야기하는지 알 수 있을 것이다. 한 가지 명심할 것은 곤충도 엄연한 하나의 생명체이므로 키우는 데 당연히 책임감을 가져야 한다는 사실이다. 애벌레에 정성을 기울인 만큼 어른벌레의 날개가 곱게 돋아날 것이고, 더 큰 보람을 느끼리라 장담한다.

애벌레 사육 용기 준비

사육 용기를 만들기 위한 준비물
(1-분무기, 2-사육용기, 3-애벌레와 먹이식물,
4-화장지, 5-핀셋)

매트로 사용할 화장지를 사육 용기의 바닥에 깐다.

분무기를 이용해 바닥이 촉촉하게 젖도록 물을 뿌린다.

애벌레와 먹이식물을 사육 용기에 담는다. 이 때 신선한 잎을 같이 넣어 준다.

용기의 뚜껑을 덮고, 채집한 날짜와 장소, 먹이식물, 기타 사항들을 메모해서 붙인다.

찾아보기

가

가시가지나방 • 268

가시노린재 • 61

가중나무고치나방 • 289

가중나무껍질밤나방 • 405

가흰밤나방 • 373

각시메뚜기 • 32

갈색독나방 • 328

갈색뿔나방 • 163

갈색여치 • 23

갈색줄무늬좀나방 • 148

갈색줄수염나방 • 439

갈색줄쌍꼬리나방 • 279

갈색집명나방 • 186

감나무잎말이나방 • 137

개나리잎벌 • 116

거세미나방 • 365

거위벌레류 • 108

검스레집명나방 • 184

검은끝짤름나방 • 436

검은다리실베짱이 • 20

검은띠나무결재주나방 • 309

검은점겨울자나방 • 231

검은줄재주나방 • 312

검정날개겨울자나방 • 227

검정날개잎벌 • 117

검정물방개 • 73

검정주머니나방 • 143

겹날개재주나방 • 313

고구마뿔나방 • 162

고동색밤나방 • 372

고운날개가지나방 • 251

곧은띠밤나방 • 371

광대노린재 • 57

괴불왕애기잎말이나방 • 139

구름무늬들명나방 • 179

구리밤나방 • 403

굴나방류 • 146

굵은띠비단명나방 • 182

귀룽큰애기잎말이나방 • 140

귀매미 • 40

귤빛밤나방 • 386

극동등에잎벌 • 114
극동산잎말이나방 • 129
극동쐐기나방 • 212
금강산귀매미 • 41
금띠물결자나방 • 240
금빛갈고리나방 • 216
금빛갈고리밤나방 • 431
기생얼룩나방 • 361
긴금무늬밤나방 • 415
긴꼬리산누에나방 • 292
긴꼬리쌕새기 • 24
긴날개밑들이메뚜기 • 30
긴날개여치 • 22
긴날개털날개나방 • 196
긴띠재주나방 • 314
긴수염대벌레 • 38
길앞잡이 • 72
깊은산노랑뒷날개나방 • 418
까마귀밤나방 • 389
깜보라노린재 • 60
껍적침노린재 • 48
껍질좀나방 • 145
꼬마노랑뒷날개나방 • 419
꼬마버들독나방 • 325
꼬마버들재주나방 • 321
꼬마쐐기나방 • 208
꽃등에류 • 123
꽃무늬재주나방 • 308
꽃술재주나방 • 306

꿩비름집나방 • 149
끝검은말매미충 • 42
끝루리등에잎벌 • 113

나

나무껍질밤나방 • 407
낙타등잎말이나방 • 136
날개물결가지나방 • 258
남방섬재주나방 • 316
남방차주머니나방 • 142
남색주둥이노린재 • 66
남생이무당벌레 • 85
납작잎벌류 • 111
넓은띠담흑수염나방 • 440
넓은띠큰가지나방 • 261
넓은뾰족날개나방 • 223
네눈가지나방 • 255
네눈쑥가지나방 • 253
네점가슴무당벌레 • 84
노랑갈고리나방 • 219
노랑뒷날개나방 • 422
노랑무늬꼬마밤나방 • 413
노랑무늬물결자나방 • 241
노랑쐐기나방 • 207
노랑애기나방 • 348
노랑털알락나방 • 199
노린재나무재주나방 • 315

노박덩굴집나방 • 151
녹색집명나방 • 187
높은산저녁나방 • 354
느릅밤나방 • 397
느티나무알락명나방 • 192
늦반딧불이 • 80
니토베가지나방 • 270

다

다리무늬침노린재 • 47
다우리아사슴벌레 • 75
닥나무들명나방 • 172
단풍수염뿔나방 • 161
담배거세미나방 • 394
대나무쐐기알락나방 • 203
대나방 • 284
대왕박각시 • 302
도둑나방 • 376
도토리나방 • 283
독나방 • 336
동양알락방울벌레 • 26
돼지풀잎벌레 • 102
두점배허리노린재 • 53
두점애기비단나방 • 157
두줄제비나비붙이 • 280
뒤흰도둑나방 • 375
뒤흰띠알락나방 • 200

뒷검은푸른쐐기나방 • 211
뒷노랑수염나방 • 438
뒷노랑얼룩나방 • 362
뒷무늬쌍꼬리나방 • 278
뒷보라밤나방 • 374
뒷흰가지나방 • 271
들메나무외발톱바구미 • 110
땅별노린재 • 52
때죽나무재주나방 • 310
떡갈나무밤나방 • 383
뚱보바구미 • 107
띠무늬들명나방 • 173

마

마디풀뿔나방 • 159
매미기생나방 • 206
매미나방 • 332
매실애기잎말이나방 • 141
맵시곱추밤나방 • 379
머루박각시 • 303
먹세줄흰가지나방 • 249
메밀거세미나방 • 392
멧누에나방 • 285
멸강나방 • 377
명주잠자리 • 68
모메뚜기 • 28
모진밤나방 • 396

목화명나방 • 168
목화바둑명나방 • 174
몸긴네줄들명나방 • 166
무궁화잎밤나방 • 429
무늬독나방 • 338
무늬박이푸른자나방 • 237
무늬뾰족날개나방 • 221
무당벌레 • 87
물결매미나방 • 335
물결무늬혹나방 • 350
물결박각시 • 297
물결밤나방 • 367
물결수염나방류 • 442
물결줄흰갈고리나방 • 217
미국흰불나방 • 346
밑들이각다귀류 • 122

바

박각시 • 294
반달누에나방 • 288
밤나무재주나방 • 311
배노랑버짐나방 • 353
배버들나방 • 281
배얼룩재주나방 • 317
배저녁나방 • 359
뱀눈박각시 • 300
버들박각시 • 301

버들밤나방 • 401
버들잎벌레 • 94
버들재주나방 • 320
버즘나무방패벌레 • 49
번개무늬잎말이나방 • 134
벚나무저녁나방 • 355
베짱이붙이 • 21
벼메뚜기 • 31
벼슬집명나방 • 183
별박이자나방 • 228
보라거저리 • 89
복숭아유리나방 • 152
부채껍질밤나방 • 408
북극선녀밤나방 • 368
북방겨울가지나방 • 265
북방긴날개가지나방 • 274
북방수중다리밤나방 • 427
북방풀노린재 • 65
북회색밤나방 • 385
분홍등줄박각시 • 298
분홍애기자나방 • 239
붉은가밤나방 • 409
붉은금무늬밤나방 • 417
붉은뒷날개나방 • 420
붉은띠짤름나방 • 437
붉은매미나방 • 331
붉은줄푸른자나방 • 235
비행기밤나방 • 404
뾰족가지나방 • 275

뾰족날개나방 • 226

사

사과나무겨울가지나방 • 266
사과독나방 • 324
사과무늬잎말이나방 • 131
사과알락나방 • 205
사과잎말이나방 • 130
사과저녁나방 • 358
사과혹나방 • 352
사마귀 • 37
사시나무잎벌레 • 93
산맴돌이거저리 • 90
산바퀴 • 35
산왕물결나방 • 293
삼나무독나방 • 323
삽사리 • 29
상수리잎말이나방 • 138
상제독나방 • 329
섭나방 • 282
솔거품벌레 • 39
솔박각시 • 295
솔수염하늘소 • 92
쇠측범잠자리 • 33
수검은줄점불나방 • 343
수수꽃다리명나방 • 169
신부날개매미충 • 43

실줄알락나방 • 204
십이점박이잎벌레 • 96
십자무늬긴노린재 • 50
쌍점흰가지나방 • 247
쌍칼무늬저녁나방 • 357
썩덩나무노린재 • 62
썩은밤나방 • 366
쐐기풀알락밤나방 • 414
쑥부쟁이털날개나방 • 195

아

알락방울벌레 • 25
알락은빛밤나방 • 416
암청색줄무늬밤나방 • 424
앞노랑겨울가지나방 • 263
앞노랑불나방 • 341
앞붉은명나방 • 193
애기얼룩나방 • 363
애매미 • 45
애모무늬잎말이나방 • 128
애물결들명나방 • 177
애뱀잠자리붙이류 • 69
애흰줄썩은잎밤나방 • 434
약대벌레 • 67
억새노린재 • 59
얼룩매미나방 • 334
얼룩어린밤나방 • 402

여덟무늬알락나방 • 202
연물명나방 • 180
연푸른가지나방 • 250
오리나무잎벌레 • 99
오리나무저녁나방 • 356
왕갈고리나방 • 220
왕귀뚜라미 • 27
왕담배나방 • 364
왕무늬푸른자나방 • 230
왕빗수염줄명나방 • 181
왕사슴벌레 • 76
왕잠자리 • 34
우리가시허리노린재 • 54
우묵날개원뿔나방 • 155
유리산누에나방 • 291
유리주머니나방 • 144
으름밤나방 • 433
은날개남방뿔나방 • 164
은무늬갈고리밤나방 • 432
은무늬모진애기밤나방 • 411
이른봄긴날개가지나방 • 273
이른봄밤나방 • 380
이른봄뾰족날개나방 • 224

자
자귀집나방붙이 • 153
작은광대노랑뒷날개나방 • 421

작은물결무늬혹나방 • 349
작은민갈고리나방 • 218
작은점재주나방 • 322
작은주걱참나무노린재 • 51
잔디밤나방 • 393
잠자리가지나방 • 252
장미등에잎벌 • 112
장미알락나방 • 197
장수쐐기나방 • 214
장수풍뎅이 • 77
재주나방 • 307
점곱추밤나방 • 378
점박이불나방 • 342
점분홍꼬마밤나방 • 412
점줄무늬밤나방 • 384
제주꼬마밤나방 • 400
좀남색잎벌레 • 95
좀비단벌레류 • 79
좁은가슴잎벌레 • 103
주홍띠밤나방 • 369
주홍박각시 • 304
줄고운가지나방 • 257
줄박각시 • 305
줄수염나방류 • 441
줄점물결자나방 • 242
줄점불나방 • 344
줄허리들명나방 • 175
쥐똥나무저녁나방 • 360
집바퀴 • 36

자

차가지나방 • 269
참금록색잎벌레 • 98
참나무갈고리나방 • 215
참나무겨울가지나방 • 264
참나무산누에나방 • 290
참나무수염뿔나방 • 160
참나무재주나방 • 318
참나무통나방 • 156
참더듬이긴잎벌레 • 101
참매미 • 44
참물결가지나방 • 260
참빗살얼룩가지나방 • 246
참회나무집나방 • 150
창나방 • 194
청남생이잎벌레 • 104
청백무늬밤나방 • 425
치악잎말이나방 • 133
칠성무당벌레 • 86

카

콩독나방 • 326
콩명나방 • 176
콩박각시 • 296
큰각시들명나방 • 171
큰겨울물결자나방 • 244
큰광대노린재 • 58

큰남색잎벌레붙이 • 91
큰남생이잎벌레 • 105
큰넓적송장벌레 • 74
큰붉은밤나방 • 428
큰빗줄가지나방 • 272
큰뾰족가지나방 • 276
큰제비푸른자나방 • 236
큰톱날물결자나방 • 243
큰허리노린재 • 55

타

타이형집명나방 • 189
털겨울가지나방 • 267
털보밤나방 • 382
털보왕버섯벌레 • 82
털뿔가지나방 • 254
털파리류 • 126
톱날무늬노랑불나방 • 340
톱니밤나방 • 430
톱다리개미허리노린재 • 56
통마디알락명나방 • 190

파

파잎벌레 • 100
팥바구미 • 106
팽나무가지나방 • 256

포도독나방 • 327
포도들명나방 • 167
포도유리날개알락나방 • 198
푸른밤나방류 • 410
푸른빛집명나방 • 188
풀색꽃무지 • 78
풀색노린재 • 64
풀색톱날무늬밤나방 • 388
풀잠자리류 • 70

회양목명나방 • 170
흑색무늬쐐기나방 • 209
흑점박이흰가지나방 • 248
흰꼬리잎말이나방 • 132
흰눈까마귀밤나방 • 390
흰독나방 • 339
흰띠겨울자나방 • 225
흰띠명나방 • 165
흰띠뽈나방 • 158
흰띠수중다리밤나방 • 426
흰띠알락명나방 • 191
흰무늬겨울가지나방 • 262
흰무늬껍질밤나방 • 406
흰무늬집명나방붙이 • 185
흰뾰족날개나방 • 222
흰얼룩들명나방 • 178
흰점갈색가지나방 • 277
흰점쐐기나방 • 210
흰제비불나방 • 345
흰줄까귀밤나방 • 391
흰줄물결자나방 • 245
흰줄푸른자나방 • 234
흰혹나방 • 351

한국밤나방 • 398
한일무늬밤나방 • 370
현무잎벌류 • 118
혹벌류 • 120
혹진딧물류 • 46
혹파리류 • 124
홍날개 • 88
홍단딱정벌레 • 71
홍띠수시렁이 • 81
홍띠애기자나방류 • 238
홍점박이무당벌레 • 83
홍허리잎벌 • 119
황다리독나방 • 330
황물결뭉뚝날개나방 • 154
회색붉은뒷날개나방 • 423
회색쌍줄밤나방 • 399